PARABOLES
ET
CATASTROPHES

CHEZ LE MÊME ÉDITEUR

Dans la Nouvelle Bibliothèque Scientifique

Benoît MANDELBROT, *Les objets fractals.*

Franco SELLERI, *Le grand débat de la théorie quantique.*

Dans la collection Champs

Louis de BROGLIE, *La physique nouvelle et les quanta.*

Albert EINSTEIN, *Comment je vois le monde.*

A. EINSTEIN et L. INFELD, *L'évolution des idées en physique.*

Thomas KUHN, *La structure des révolutions scientifiques.*

Max PLANCK, *Initiations à la physique.*

Y. COPPENS, J. C. PECKER, P. SLONIMSKI, *Origines de l'univers, de la vie, et de l'homme.*

RENÉ THOM

PARABOLES ET CATASTROPHES

Entretiens sur les mathématiques, la science et la philosophie
réalisés par
Giulio Giorello et Simona Morini

FLAMMARION

Les notes ont été rédigées par Giulio Giorello et Simona Morini.

Cet ouvrage a d'abord fait l'objet d'une version italienne et a été publié aux éditions Il Saggiatore.

La version française est due à Luciana Berini et a été entièrement revue et complétée par l'auteur.

ISBN : 2-08-081186-X

INTRODUCTION

Comme les polémiques des épistémologues en témoignent il est très difficile de « définir » la science ou même de tracer une ligne de démarcation dénuée d'ambiguïté entre ce qui est science et ce qui ne l'est pas... Cependant, tout chercheur a eu au moins une idée préliminaire qui lui est propre sur ce qu'est une discipline scientifique...

Toute science est avant tout l'étude d'une phénoménologie. Je m'explique : les phénomènes qui sont l'objet d'une discipline scientifique donnée apparaissent comme des accidents de formes définies dans un espace donné que l'on pourrait appeler *l'espace substrat* de la morphologie étudiée... Dans les cas les plus généraux (physique, biologie, etc.) l'espace substrat est tout simplement l'espace-temps habituel. Mais il convient parfois de considérer comme substrat un « espace » légèrement différent qui est pour ainsi dire déduit de l'espace macroscopique habituel, soit grâce à un moyen technique (microscope, télescope, etc.), soit en élaborant un « espace » de paramètres quantitatifs (ne disons-nous pas, par exemple, que l'acoustique est la « science des sons » ? etc.).

Enfin, certaines disciplines, surtout dans le cadre de ces sciences dites sciences de l'homme — je pense principalement à la sociologie — en sont encore à se demander quels sont les « faits » qui relèvent de leur domaine d'étude et n'ont pas encore réussi à en donner une description strictement morphologique.

Il s'agit donc de reconnaître des formes et de les conceptualiser : depuis les sciences physiques qui, pendant des siècles, ont représenté l'idéal de scientificité, des sciences de la nature aux sciences humaines, certainement moins structurées que la physique ou même la biologie. Mais quels sont les instruments intellectuels qui permettent cette reconnaissance et cette conceptualisation ?

Dans une telle optique, le premier objectif consiste à caractériser un phénomène en tant que forme, forme « spatiale ». Comprendre signifie donc avant tout géométriser. Mais avoir recours à la géométrie, c'est également avoir recours à une certaine forme d'abstraction, d'idéalisation...

Dans quel sens ?

Pour répondre, je vais tout de suite vous donner quelques idées de base sur la théorie des catastrophes, idées sur lesquelles je pense que nous reviendrons par la suite. J'entends seulement indiquer les grandes lignes d'une idéalisation qui, à mon avis, est indispensable si l'on se fixe pour programme une théorie morphologique, une théorie des formes.

Pour cela, reprenons certaines notions familières de topologie[1] : on considère comme substrat un ouvert d'un espace euclidien d'une dimension finie[2]. Si *u* est un point de ce substrat U, on dit qu'il est *régulier* si, en tout point *u'* voisin de *u*, ce « qu'il y a » en *u'* présente la même « apparence qualitative » qu'en *u*... En d'autres termes, *u* est régulier si une petite sphère dont *u* est le centre et d'un rayon assez petit ne renferme aucun accident intéressant du point de vue phénoménologique. Dans cette petite sphère, il ne se passe apparemment rien.

Dans le cadre de cette idéalisation, les idées de base de la topologie semblent donc très naturelles...

A partir de la définition, il est immédiat que l'ensemble des points réguliers est un ouvert en U. Voyons alors ce qui arrive au complément K de cet ensemble en U. Cet ensemble fermé K est l'ensemble *des points de catastrophe* de la morphologie étudiée : si *v* est un point de K, dans chaque petite sphère dont le centre est *v*, « il arrive quelque chose ». Le mot « catastrophe » n'a donc pas ici cette connotation négative qu'il a en revanche dans la langue de tous les jours... tout simplement, en chaque point *v* de l'ensemble catastrophique K, *les choses changent*... Naturellement, la distinction entre points réguliers et points catastrophiques est relative... Cela dépend de beaucoup de choses, de la finesse de nos moyens d'observation.

Par exemple, si l'on examine une morphologie à l'œil nu, tout est tranquille. Mais aussitôt qu'on examine au microscope un de ses voisinages... voilà que tout bouge, et qu'un point v apparemment régulier se révèle catastrophique.

Par ailleurs, l'ensemble K des points de catastrophe ne constitue qu'une partie de la morphologie empirique étudiée : cette dernière comporte en général, en ses points réguliers, des variations continues de paramètres qualitatifs qui ne peuvent pas s'exprimer dans l'ensemble K.

Qu'il nous suffise par exemple de penser aux difficultés rencontrées successivement par la théorie des couleurs... et comme il est difficile de reconnaître des bords nets dans les couleurs de l'arc-en-ciel !

La distinction entre points réguliers et points catastrophiques est donc une idéalisation : elle réduit, pour ainsi dire, toute morphologie au squelette nu de ses discontinuités qualitatives.

Certainement. Mais il ne faut pas oublier que cette distinction constitue une des grandes « catégories » de notre manière de percevoir le monde. On la retrouve en psychologie (en théorie de la perception) dans la distinction figure/fond, en sémantique dans la distinction forme/contenu et, comme on peut s'y attendre, en topologie générale, dans la distinction ouvert/fermé...

On peut donc dire que l'un des premiers objectifs de toute discipline morphologique est l'étude métrique ou topologique de ses ensembles de catastrophe...

De ce point de vue, il est primordial de reconnaître si l'ensemble des points de catastrophe K est rare[3].

Cela nous amène à une autre dichotomie fondamentale de notre conceptualisation de la réalité, celle suggérée par l'opposition chaos/cosmos...

Oui. Si en fait il n'arrive pas que K soit rare, la morphologie est vraiment chaotique à l'intérieur de K. Pour l'observateur, une telle situation est quasiment intolérable : dans la plupart des cas, l'observateur essaye de ne pas tenir compte des détails « trop fins » en opérant une moyenne et se contente d'une description plus grossière qui ne garde que les apparences « moyennes », de manière à réintroduire la régularité presque partout.

Cependant, il existe des situations naturelles (telles que la turbulence en hydrodynamique ou l'observation du cytoplasme au microscope électronique) qui semblent presque imposer un ensemble de catastrophe dense en tout point.

Cette distinction, points réguliers/catastrophiques, est donc préliminaire non seulement à la théorie des catastrophes que vous avez développée dans vos travaux, mais aussi, fondamentalement à toute discipline qui partirait de descriptions d'une morphologie empirique. Elle a donc également une signification épistémologique, au niveau général...

Oui. Du point de vue épistémologique, par ailleurs, il me semble opportun de répartir les sciences, *grosso modo,* en deux grandes familles, en opérant une distinction entre expérience et simple observation...

Cette distinction aussi doit être considérée comme relative : souvent, les limites entre l'observation pure et l'expérience sont plus labiles qu'on ne pense...

Là aussi, sans aucun doute, une certaine idéalisation intervient. De toute façon, il est selon moi assez clair que certaines disciplines sont à l'évidence *expérimentales,* en ce sens que, à l'intérieur de celles-ci, le chercheur peut aller jusqu'à créer la morphologie qu'il veut étudier (c'est le cas de la physique et de la chimie), ou tout au moins, il peut intervenir d'une manière plus ou moins radicale dans son développement (là, c'est typiquement le cas de la biologie).

En revanche, d'autres disciplines en sont réduites à *l'observation pure* : dans ce cas, il est pratiquement impossible de faire des expériences, soit du fait de l'éloignement spatial (astronomie), soit de l'éloignement temporel (sciences « du passé » : géologie, paléontologie, ethnographie, histoire, etc.), soit enfin pour des raisons éthiques (certains phénomènes psychologiques et sociaux).

De toute façon, pour pouvoir être « étudiées », c'est-à-dire reconnues et conceptualisées, les morphologies doivent en quelque sorte jouir d'une certaine « stabilité[4] ».

En 1876, Maxwell écrivait : « Quand l'état des choses est tel qu'une variation infiniment petite de l'état présent n'altérera l'état futur que d'une quantité infiniment petite, l'état du système, au repos ou en mouvement, est dit stable ; mais, quand une variation infiniment petite à l'état présent peut causer une différence finie en un temps fini, la condition du système est dite instable. Il est évident que l'existence de conditions instables rend impossible la prévision d'événements futurs, si notre connaissance de l'état présent est seulement approchée et non exacte[5]. *» La question de la stabilité apparaît donc centrale...*

Il s'agit d'une notion intuitive, presque d'une condition préliminaire requise à toute recherche de type morphologique. La notion de « stabilité structurelle » qui apparaît en mathématiques — et sur laquelle nous reviendrons — ne se révèle pourtant tout à fait adaptée que pour les disciplines que j'ai qualifiées d'expérimentales...

Mais alors les disciplines les plus intéressantes, les plus « énigmatiques », ne sont-elles pas écartées ?

Cela dépend. Habituellement, il est possible d'admettre que l'observation répétée de certains phénomènes fournit un indice assez sûr de leur stabilité, sûr au moins autant que les résultats obtenus par les expériences le sont habituellement...

C'est le cas classique de l'astronomie...

Bien sûr, mais on peut dire la même chose d'autres disciplines. En somme, le modèle de science que j'ai décrit jusqu'ici peut être étendu aux disciplines que j'ai appelées d'observation pure... mais ce qui compte, c'est de ne pas se cacher le fait que la stabilité devient ainsi une espèce d'hypothèse supplémentaire, une supposition, presque un dogme...

Quoi qu'il en soit, un « premier inventaire » des phénomènes observables n'est que le début d'une théorisation scientifique...

Oui, une fois achevée la description d'une morphologie, il s'agit d'en donner une explication. Et c'est là le point délicat : la majeure partie des savants, surtout les expérimentateurs, n'hésiteraient pas à être d'accord avec moi sur les aspects descriptifs ; ce n'est que lorsque la notion d'« explication » entre en jeu que l'unanimité se brise...

Parce que au fond, chacun a sa propre notion d'explication...

Justement. Cependant, *grosso modo,* il y a deux tendances prédominantes.

La première est la tendance « réductionniste ». Une explication de ce type commence par une analyse causale des phénomènes X observés et on se demande : ces phénomènes X sont-ils causés par des éléments d'une autre espèce Y ou bien trouvent-ils leurs causes en eux-mêmes ?

Dans le premier cas, on se consacre à l'étude des Y, en oubliant, pour ainsi dire, la morphologie intrinsèque de X.

Par exemple, le langage est une morphologie sonore X, émise par des êtres humains Y en interaction sociale ; le réductionniste affirmera *a priori* que la linguistique, si elle veut être véritablement une science, doit être « expliquée » par l'intermédiaire de l'étude anatomique, psychologique et sociale de l'homme. Dans le second cas, à savoir, lorsque les phénomènes X n'ont d'autre cause visible qu'eux-mêmes, le réductionniste essaye de les expliquer en passant par la décomposition du milieu, support de X, en entités plus petites, invariantes et indestructibles, dont la combinatoire doit reconstruire la morphologie X par agrégation.

L'atomisme physique est un « paradigme » de cette attitude. Les positions et les vitesses d'un système de N atomes sont décrites par un point mobile dans un espace euclidien R^{6N} à 6 N dimensions (X_i) ; les lois d'interaction entre ces particules permettent d'écrire un système d'équations différentielles $dxi \,/\, dt = X_i\ (x_j)$ dont l'intégration donne l'évolution temporelle du système étudié...

C'est, en effet, le « paradigme » le plus parfait d'explication scientifique dont nous disposions aujourd'hui. Cependant, ici viennent se croiser deux composantes que trop souvent les savants ne parviennent pas à distinguer suffisamment : l'« hypothèse » atomiste et l'utilisation du calcul différentiel comme prototype d'une évolution soumise à un déterminisme local. D'après moi, la première hypothèse (existence d'« atomes ») est infiniment plus restrictive que la seconde (existence d'un déterminisme différentiel). En effet, lorsque l'on utilise l'hypothèse « atomiste », il convient avant tout de se mettre d'accord sur les éléments de base qui sont à considérer comme « atomes » : le choix n'est presque jamais facile, car il peut y avoir toute une hiérarchie de niveaux d'organisation ! Il faut, en outre, être en mesure de décrire quantitativement les interactions entre atomes et donc d'intégrer un système différentiel de dimension 6N, généralement très élevée ($N = 6.10^{23}$, nombre d'Avogadro, pour les molécules d'un gaz). Seule une approche statistique peut, dans certains cas, réaliser le programme mais alors,... adieu morphologies ! Celles-ci, comme je l'ai dit, sont liées à une discontinuité des propriétés du milieu — l'ensemble K des points de catastrophe — alors que les méthodes quantitatives usuelles font carrément appel à des fonctions analytiques, donc continues, inadaptées à la description de ces discontinuités[6]. Dans ce cas, le réductionnisme est impraticable ; en revanche, si l'on a recours à une autre théorie causale — comme dans mon exemple précédent concernant la linguistique qui serait alors « expliquée » par la neurophysiologie, ou la sociologie, etc. — il arrive que la « théorie causale » soit considérablement plus complexe que la morphologie X considérée au début.

Et donc ?

Tôt ou tard, les savants sont contraints de passer de l'explication réductionniste à un autre type d'explication, que j'appellerai « structurale ». De quoi s'agit-il ?

Prenons une fois encore le cas de la linguistique : en linguistique structurale, pour une morphologie linguistique, on essaye justement de donner un système de règles en nombre fini, lesquelles permettent d'engendrer toutes les expressions qui constituent cette morphologie. De façon analogue, dans le cas de n'importe quelle morphologie empirique, la tendance « structurale » a pour but d'en simplifier la description en fournissant un nombre fini de règles combinatoires relatives à certaines morphologies élémentaires et qui permettent de reconstruire la morphologie en question. On peut faire tout cela par pur esprit formaliste, sans justifier ces « règles » ; tout juste comme on le fait ordinairement en logique avec les axiomes d'un système formel.

Mais — et c'est justement cela qui constitue la théorie des catastrophes, comme nous aurons l'occasion de le voir — on peut également essayer de justifier « ces règles » de façon dynamique...

Ainsi la causalité réapparaît[7].

Donc, attitude structurale et recherche des causes peuvent se combiner l'une avec l'autre. Mais le cas peut également se présenter où la tendance structurale ne parviendrait pas à la formulation causale ou qu'elle s'en abstiendrait délibérément...

Bien sûr. Prenons un exemple. Les philosophes et les historiens de la science se sont demandé et se demandent encore si la loi de la gravitation découverte par Newton, $F = k\ m\ m' / r^2$, est une « description » ou une « explication ». Selon moi, la réponse est simple : c'est une explication de nature structurale, dans la mesure où elle permet une description rapide d'une morphologie empirique (le mouvement des corps célestes, la chute des corps, etc.). Cependant, il ne s'agit pas d'une description réductionniste : elle est tout à fait indépendante, en fait, de la structure fine de la matière (protons, électrons, etc.) dont la connaissance a été acquise plus tard...

De plus, selon les assertions de Newton lui-même, la formule ne prétendait pas dévoiler la « cause » de la gravitation...

Elle permettait de prévoir correctement : il était en fait possible de construire sur cette base — s'agissant de cas relativement simples — des modèles quantitatifs capables de fournir des prédictions *ad libitum*. Un cas heureux qui cependant ne se généralise pas si facilement...

Bien plus, au début de Stabilité structurelle et morphogénèse, *vous opposez nettement Descartes et Newton justement sur ce point : « Descartes, avec ses tourbillons et ses atomes crochus, expliquait tout et ne calculait rien ; Newton, avec la loi de gravitation en $1 / r^2$ calculait tout et n'expliquait rien. L'histoire a donné raison à Newton et a relégué les constructions cartésiennes au rang des fantaisies gratuites et des souvenirs de musée[8]. »*

A l'évidence, il « n'expliquait pas » les « causes ». Vous ne vous cachez pas d'éprouver une certaine sympathie, voire de la nostalgie, pour le point de vue de Descartes.

La victoire du point de vue de Newton est pleinement justifiée si on la considère sous l'angle de l'efficacité, de la possibilité de prévoir et donc d'agir sur les phénomènes... Mais, je ne suis pas totalement convaincu que notre intellect puisse se contenter d'un univers régi par un schéma mathématique cohérent, mais dépourvu de contenu intuitif... L'action à distance avait — et a encore — quelque chose de magique...

... Même si la théorie de Newton a un pouvoir prédictionnel à haut niveau et qu'il est notoire qu'elle permet de bonnes réalisations technologiques ?

Certainement. On pourra s'étonner que je mette moins l'accent sur le pouvoir prédictif des théories scientifiques que ne le font la plupart des chercheurs et des épistémologues positivistes, qui vont parfois jusqu'à en faire le critère exclusif de la scientificité. Exiger de toute discipline scientifique que l'on puisse contrôler la théorie au moyen de l'action, de l'expérience, exclut automatiquement du domaine scientifique les sciences du passé telles que la paléontologie et l'histoire ainsi que toutes celles pour lesquelles l'expérimentation directe est impossible, comme par exemple, c'est encore amplement le cas pour l'astronomie. En somme, d'après moi, il nous faut abandonner l'idée de la science comme un ensemble de recettes efficaces...

Cela ne comporte-t-il pas aussi une distinction entre science et technique ?

Je suis, pour ma part, en faveur d'une séparation nette entre science et technique ! Et surtout depuis que je suis entré à l'Académie des Sciences et que je vois le rôle qu'y jouent les savants engagés dans des activités industrielles et technologiques, rôle que j'estime plutôt négatif. Il s'agit en fait d'activités qui ont un énorme poids économico-politique et qui poussent les chercheurs qui s'y trouvent impliqués à s'appuyer sur ce fait pour atteindre leurs objectifs. Récemment, j'ai entendu un collègue de l'Académie vanter les mérites de sa discipline en faisant état du chiffre d'affaires réalisé en France par le secteur industriel correspondant : argument, selon mon propre point de vue, tout simplement monstrueux et m'amenant à souhaiter une ségrégation plus nette entre la science proprement dite et ses applications technologiques. Mais, en France, tout au moins, il y a encore beaucoup de chemin à parcourir, étant donné que le gouvernement lui-même a la fâcheuse tendance de préférer les réalisations pratiques à la recherche théorique qui, comme chacun sait, ne produit pas de résultats immédiats.

Il est beaucoup plus facile d'obtenir des financements pour la construction d'appareils ou de laboratoires que pour engager des chercheurs. Du point de vue sociologique c'est, bien sûr, une tendance raisonnable : en investissant dans le secteur industriel et technologique on a toujours, d'une façon ou d'une autre, des « retombées » ; mais engager des chercheurs, cela représente une dépense « à fonds perdus » !

Alors, selon vous, comment se présente le rapport entre politique et science ?

Le gouvernement est moins intéressé par l'accumulation des richesses que par la maîtrise de certaines formes de technologies supposées efficaces, que dans un certain jargon on appelle « les technologies de pointe ». Par exemple, on n'arrête pas de dire que le remède contre le chômage consiste dans le développement des « technologies de pointe » ! Ce genre de choses me sidère ! La situation est très grave : mais je n'ai pas de solution toute prête, pas de recette pour remédier au mal. Entre la science et le pouvoir s'est établie une sorte de symbiose que l'on pouvait difficilement éviter : d'un côté, la science a en effet besoin de ressources pour le développement de la recherche ; de l'autre, les gouvernements ont besoin des savants, dans la mesure où ces derniers jouissent encore d'un certain prestige social qu'ils peuvent mettre au service de l'action gouvernementale.

Il ne reste plus qu'à espérer un plus grand engagement éthique des savants qui devraient éviter de se laisser impliquer dans le jeu politique, surtout lorsqu'il met en jeu des rivalités entre nations ou d'autres blocs politiques. En tout cas, ce qui est mauvais c'est de faire appel à des motivations politiques pour justifier le financement de ses propres recherches. Je vais vous donner un exemple : quand, mettons, on veut construire un accélérateur de particules, on joue presque exclusivement sur les rivalités entre nations et sur la crainte d'être dépassé.

C'est ainsi que les savants en arrivent à passer des pactes avec le diable...

Il faut donc mettre un terme à cette politique de la demande basée sur la compétition. Par ailleurs, la thèse sociologique relative à la science, magistralement soutenue, par exemple, par Kuhn[9], est parfaitement justifiée : les grandes orientations de la recherche, en fait, sont presque toujours décidées par des fonctionnaires politiques pour la plupart incompétents.

Une intervention excessive du pouvoir sur la science ?

Non. Cette situation est voulue par les savants eux-mêmes qui préfèrent traiter avec un fonctionnaire politique plutôt qu'avec un savant, lequel pourrait favoriser sa discipline au désavantage des autres. En somme, ils préfèrent que le jeu politique décide quelles seront les orientations de la recherche, plutôt que de les déterminer eux-mêmes en fonction de motivations proprement scientifiques. La cause de tout cela doit sans doute être recherchée dans le fait que la science a renoncé dans une large mesure à une vision interdisciplinaire permettant de confronter les mérites de différents résultats. Malheureusement, dans le domaine de la science, il faut faire des choix pour l'obtention de crédits ou encore l'attribution de chaires dans les facultés ou de fauteuils dans les académies : choix entre des individus dont on ne sait pas bien en vertu de quel critère on pourrait décider lequel est le plus méritant. Comment fait-on pour déterminer qui est le meilleur, d'un chercheur qui étudie le virus de la mosaïque du tabac ou d'un autre qui s'occupe de l'effet sur l'embryon de telle ou telle hormone ?

Il faudrait être en mesure d'évaluer avec quelque exactitude les perspectives offertes par les différents développements expérimentaux, mais on ne voit pas comment un critère de ce type pourrait être fourni en l'absence d'une théorie valable. C'est justement pour cela que le développement scientifique subit les effets de pressions sociologiques plutôt aléatoires.

Est-ce une caractéristique de la science contemporaine, ou y a-t-il, selon vous, des origines plus profondes dans le passé ?

Je dirais qu'il s'agit d'une caractéristique plutôt récente, étant donné que la science a connu un développement important du point de vue sociologique uniquement au cours des quinze, vingt dernières années. Il suffit de penser qu'il y a eu plus de savants après 1950 que pendant toute la période historique antérieure... Un développement énorme qui toutefois n'a produit que des résultats très disproportionnés avec l'effort engagé !

Les liens entre pouvoir et science, cependant, sont plus anciens... Newton lui-même pourrait être considéré selon certains aspects comme un homme de science au « service » du pouvoir...

On peut, si l'on veut, remonter jusqu'à Archimède, soupçonné d'avoir incendié la flotte romaine devant Syracuse... Mais le phénomène le plus intéressant c'est qu'aujourd'hui la science joue le rôle tenu dans le passé par la religion, en ce sens que la science est aujourd'hui porteuse des espérances eschatologiques de l'humanité. Grâce à la science — dit-on — l'humanité pourra réussir à survivre en restant sur la terre, ou, si la terre devenait inhabitable, l'humanité pourrait émigrer vers d'autres mondes plus hospitaliers. Ce sont ces espérances eschatologiques qui ont favorisé le développement massif de la recherche scientifique. En fait, il n'y a pas grand-chose à redire : après tout, jusqu'ici nos sociétés ont été des « sociétés d'abondance » ; le flux d'énergie a été extrêmement abondant et peu coûteux, il en a été fait un gaspillage énorme et du moment que l'on gaspille, mieux vaut gaspiller pour la science qu'ailleurs ! Cela me paraît être un point de vue parfaitement légitime. Bien sûr, lorsque les sources d'énergie commencent à se faire rares et que le gaspillage devient toujours plus difficile et coûteux, avant d'entreprendre des recherches, il faut réfléchir bien plus longuement qu'on ne l'a fait auparavant ! Les événements de ces dernières années montrent de façon claire que cette inversion de tendance a déjà commencé.

Mais alors, selon vous, d'après quels critères faudrait-il effectuer la sélection entre les orientations scientifiques ?

Le processus de restriction devrait indubitablement s'accompagner d'un plus grand effort théorique et d'interdisciplinarité de manière à permettre à la science de s'autodiscipliner, sans devoir recourir à des contraintes de nature politique et/ou sociale.

Est-ce une utopie ? Peut-être ; moins cependant qu'il n'y paraîtrait. Il suffit d'espérer qu'un jour les savants seront assez lucides pour consacrer à cet effort de confrontation entre disciplines toute la réflexion nécessaire. Le besoin ressenti d'une théorie générale des systèmes montre que l'on commence à prendre conscience de cette nécessité et donc que l'on peut être, au moins modérément, optimiste...

La pénurie actuelle pourrait avoir des effets positifs sur l'évolution future de la science du fait même qu'elle nécessite cette réflexion...

A l'inverse, comment voyez-vous l'influence de la science sur la politique et sur la vie sociale ?

Cela dépend de ce que l'on entend par « science ». Dans bien des cas, il serait plus correct de parler plutôt d'influence de la technologie, ce qui est quelque chose d'un peu différent. Aussi, je m'empresse de dire qu'en ce moment l'un des faits les plus significatifs est « l'équilibre de la terreur », un facteur qui, d'une certaine manière, a « bloqué » les différents conflits : la situation se dirige ainsi vers un état toujours plus métastable ; mais un jour, si l'équilibre se brise, la catastrophe sera encore plus grave. L'affirmation selon laquelle retarder une guerre globale provoquera une guerre encore plus terrible, si elle finit par se déclarer, n'est qu'un paradoxe apparent. La seule chose que l'on puisse espérer c'est que l'humanité soit assez lucide et parvienne à une sorte d'aménagement interne qui éviterait ce type de catastrophe.

Il est possible aussi que des régulations biologiques, naturelles interviennent pour éviter des catastrophes nucléaires...

On ne peut exclure, par exemple, l'éventualité de calamités naturelles, telles que grandes épidémies par exemple, qui entraîneraient la destruction d'une partie importante de l'humanité...

Chapitre premier

UN REGARD SUR LES SCIENCES

Popper : « Les disciplines sont distinctes soit pour des raisons historiques, pour des motifs de convenance administrative (il suffit de penser à l'organisation de l'enseignement et des emplois), soit parce que les théories que nous élaborons pour résoudre nos problèmes tendent à s'accroître à l'intérieur de systèmes unifiés. » Cependant, « nous ne sommes pas des spécialistes de certaines matières, mais plutôt de problèmes[1] ». Mais, tant qu'à concéder quelque chose aux « raisons administratives », comment vous voyez-vous par rapport à la traditionnelle division disciplinaire ?

Généralement, on dit de moi que je suis un mathématicien. Au mieux, du point de vue sociologique, on me considère comme tel. Mais, naturellement, ce qui compte c'est plutôt le type de mathématiques que j'ai pratiqué...

Pourriez-vous brosser à grands traits une courte autobiographie intellectuelle de votre carrière de mathématicien ?

Ma vocation mathématique n'a pas été évidente. Dans le secondaire, j'étais un élève brillant, de ceux que l'on considère doués tant pour les matières littéraires que pour les scientifiques. Par la suite, c'est le hasard qui m'a poussé vers les mathématiques et à me faire inscrire en mathématiques élémentaires et en mathématiques supérieures. Par ailleurs, la guerre a joué son rôle dans cette affaire : c'était en 1939... ceux qui étaient licenciés ès mathématiques pouvaient s'engager dans l'artillerie plutôt que dans l'infanterie : cela a contribué à me faire opter pour les maths...

Mais cela ne veut pas encore dire entreprendre une carrière de mathématicien ?

En effet, j'ai entrepris les recherches proprement dites, dans ce domaine en 1946, une fois sorti de l'Ecole normale.

Quel type de recherches ?

A l'époque, j'avais suivi les cours de mon maître, Henri Cartan[2], à l'université de Strasbourg ; avec lui j'ai commencé à étudier les travaux d'Oka[3], un grand mathématicien japonais (théorie des fonctions à plusieurs variables complexes). Mes premiers contacts avec les mathématiques se sont donc produits à travers ces travaux qui constituaient alors, pour un chercheur occidental, un sujet de réflexion important.

Cette rencontre intellectuelle a marqué, en fait, mes travaux de recherches ultérieurs. Par exemple, dans son approche du célèbre problème de Cousin[4] (il n'y a pas lieu d'en parler ici plus en détail), Oka dit qu'à vouloir essayer de le résoudre, on se heurte à une « obstruction » à caractère topologique. En résumé : à partir des éléments d'une fonction, donnés localement par des cartes, il s'agit de reconstruire une fonction globale, en fait une fonction multiplicative non nulle ; cela correspond à une application dans le cercle unité. On dispose de toute une famille d'applications dans le cercle unité et le problème consiste alors à savoir s'il est possible de synthétiser toutes ces applications en une application unique. Oka avait parfaitement compris que le problème se heurtait à un obstacle, à une « obstruction » à caractère topologique. Or, juste à ce moment-là — on était en 1946 —, à Strasbourg, avait lieu un séminaire extrêmement documenté, organisé par Charles Ehresmann[5], introduisant aux notions les plus importantes de la topologie algébrique — espaces fibrés, cohomologie, opérations de cohomologie définies module p, etc. Toutes ces notions étaient alors nouvelles : la topologie algébrique s'affirmait alors de plus en plus en tant que domaine de recherche bien charpenté et prometteur. Ehresmann a beaucoup fait et pour en donner une bonne conceptualisation et pour en présenter des applications.

C'est alors que je me suis rendu compte que les obstructions dont parlait Oka pouvaient en réalité être considérées comme des obstacles à la construction d'une section d'un espace fibré. Mais les problèmes qui intéressaient Oka concernaient l'obstruction à l'existence d'une fonction analytique... et on se heurtait au départ à une obstruction de fonctions différentiables. Je me suis alors posé une question que, par la suite, j'allais poser à Cartan : pourquoi résoudre dans le domaine analytique un problème qu'on ne sait pas résoudre dans le domaine différentiable[6] ? C'est à partir de cette réflexion que j'ai commencé à m'intéresser de façon spécifique à la théorie des fonctions et des applications différentiables... mais je ne veux pas trop m'attarder sur le développement de mes idées en mathématique. Il suffit de dire que mon premier travail a été une systématisation de la théorie de Morse[7], plus précisément une interprétation : lorsqu'on a une fonction sur un espace, en prenant alors les trajectoires de gradient de cette fonction par rapport à une métrique, on peut décomposer l'espace donné en cellules, dont chacune d'elles est associée à un point critique d'indice donné. Il s'agit d'une observation qui, pour moi, s'est révélée très utile et qui est ensuite devenue classique. Des résultats analogues ont été également trouvés par Samuel Eilenberg[8].

Mais, dans ma carrière de mathématicien, la chance est également intervenue...

Pourquoi ?

L'extraordinaire développement technique de la topologie algébrique au cours des années 1945-1950 a provoqué l'introduction de toutes ces notions auxquelles j'ai fait allusion tout à l'heure : espaces fibrés, espace fibré principal, groupe structural d'un fibré, espace classifiant, classes caractéristiques, opérateurs cohomologiques, définition des obstructions comme classes de cohomologie...

Ces notions ont constitué pour ainsi dire un fleuve qui a inondé le domaine des mathématiques[9], permettant un développement extrêmement rapide des questions liées à la construction des différents espaces et des différentes fonctions... C'est dans une telle perspective que j'ai travaillé aux alentours des années cinquante, en m'intéressant tout particulièrement aux variétés dites cobordantes...[10].

C'est ainsi qu'est née la théorie du cobordisme ?

Il s'agissait de savoir quand deux variétés constituent justement le bord commun d'une même variété ; c'est un problème qui, à première vue, peut sembler assez gratuit. Mais si on y réfléchit un peu, on s'aperçoit que c'est le cas particulier d'un problème qui présente également un aspect philosophique. Nous avons deux espaces, deux variétés différentes et l'on cherche, en quelque sorte, à les réunir avec une espèce de déformation continue. La meilleure façon est, en définitive, la construction d'un « cobordisme » entre les deux variétés (fig. 1). A l'aide d'idées de ce type j'ai pu développer toute une technique sur les applications différentiables, grâce à laquelle j'ai réussi à résoudre, au moins en théorie, le problème de reconnaître si deux variétés sont cobordantes, en le réduisant en termes purement algébriques.

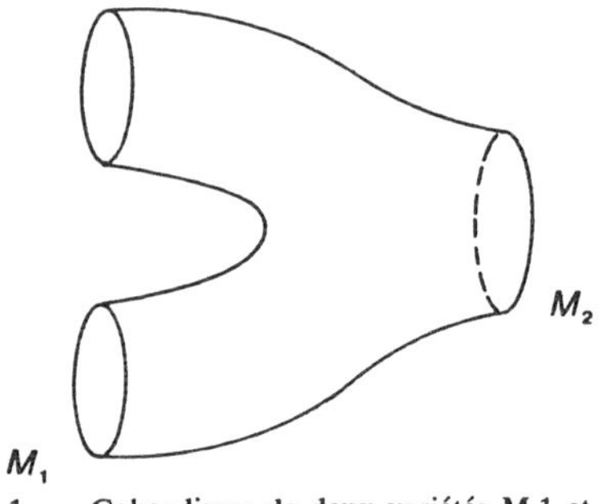

Fig. 1. — Cobordisme de deux variétés M 1 et M 2.
L'image intuitive plus simple est celle d'un pantalon.

Mais je n'ai pas réussi à trouver complètement la solution algébrique du problème. Du reste, il s'agit là d'une situation générale, très fréquente en topologie : ramener le problème à l'algèbre est déjà très difficile et souvent il apparaît, par la suite, qu'on ne puisse plus progresser. Cependant, cette réduction est considérée comme très intéressante en soi.

Pourquoi ?

C'est avec ce type de techniques qu'en 1951 j'ai pu soutenir ma thèse de doctorat, qui traitait essentiellement de certaines classes caractéristiques de variétés dont j'ai démontré l'invariance topologique. Trois ans plus tard (1954) j'ai résolu le problème du cobordisme dans un article intitulé « Quelques propriétés globales des variétés différentiables » paru dans *Commentarii mathematici helvetici*[11], où j'ai justement donné des procédés algébriques permettant de résoudre le problème du cobordisme et de reconnaître quand une variété est une variété-bord. C'est pour cela que j'ai reçu des mains de Heinz Hopf la Fields Medal au Congrès international d'Edimbourg en 1958[12]. Mais, comme je l'ai déjà dit, cela a été un peu un coup de chance. J'ai saisi le bon moment en sachant exploiter les techniques que Cartan, Ehresmann, J.P. Serre et bien d'autres m'avaient enseignées.

Quelques informations complémentaires sur ces grands noms de la recherche mathématique ?

Presque tous faisaient partie du groupe Bourbaki. Au début, moi aussi j'ai été choisi par Bourbaki[13] comme « cobaye » : selon l'usage, je devais assister à la présentation des textes et on me demandait mon avis en cas de désaccord. Mais, malheureusement, j'étais un piètre cobaye ! Cela me fatiguait d'écouter (c'était un peu ennuyeux !) et parfois, il m'arrivait même de m'endormir pendant les séances. En un certain sens, cela n'a pas été un mal après tout : par la suite, en fait, je me suis opposé à la conception bourbakiste des mathématiques.

Pourquoi ?

C'étaient vraiment des ultraformalistes ! Ils présentaient les mathématiques d'une manière rigoureuse, ascétique ; mais, ce faisant, ils finissaient par s'occuper uniquement des portions de mathématique qui se prêtaient à cette présentation rigoureuse. C'est la raison pour laquelle une grande partie des mathématiques qui se pratiquaient à l'époque ne pouvaient qu'échapper à leur attention.

« Le formalisme nie le statut de mathématique à la majeure partie de ce qui, communément, a toujours été entendu comme mathématique et il ne réussit pas à dire quoi que ce soit sur son développement. Aucune période " créative " et de très rares périodes " critiques " des théories mathématiques seraient admises au paradis des formalistes, où les théories mathématiques demeurent comme des séraphins, purifiées de toutes les impuretés de l'incertitude terrestre[14]. *» Actuellement, personne n'imagine*

de mettre en doute que certains problèmes d'une théorie mathématique peuvent être attaqués uniquement après sa formalisation, justement comme certains problèmes sur les êtres humains, concernant par exemple leur anatomie, peuvent être attaqués uniquement après la mort de ces derniers. Mais, se confiner aux seules théories formalisées, c'est un peu comme si, à l'époque de Vésale, quand la méthode de la dissection réussit à s'imposer, on avait voulu identifier l'étude des êtres humains avec l'analyse des cadavres.

Cette comparaison me plaît ! Aujourd'hui encore il existe des parties entières des mathématiques — calcul des variations, équations aux dérivées partielles, dynamique qualitative, etc. — considérées comme pas assez « propres » (ou « mortes » !) pour figurer dans l'anthologie bourbakiste. Il y a donc une incompatibilité authentique entre le répertoire bourbakiste et les mathématiques vivantes. Bourbaki a embaumé les mathématiques qu'il a réduites pour ainsi dire à une momie ! Cela dit, il ne faut pas être totalement négatif à propos de Bourbaki ; on doit reconnaître au groupe des mérites historiques. En effet, il a joué un rôle utile avant la guerre en introduisant en France les mathématiques algébriques allemandes.

Vous faites particulièrement allusion à l'école de Hilbert[15] *?*

Oui, surtout en opposition à l'ancienne école de la théorie des fonctions qui dominait alors en France : l'école des Borel, Picard, Hadamard, etc.[16]. Mais il ne faut cependant pas assimiler Bourbaki au mouvement « moderniste » qui a triomphé au cours des années soixante et qui, selon moi, n'est rien d'autre qu'une « perversion » proprement dite du bourbakisme !

Alors, quelle est la différence ?

Je dirais que le mouvement moderniste est né d'une espèce de pulsion au sens presque psychanalytique ! Il a fait son chemin dans la communauté des mathématiciens pour des raisons assez difficiles à expliciter ; je crois qu'il s'agit de toute façon de raisons d'histoire locale principalement, de sociologie des mathématiques.

Et sur le plan de la didactique mathématique ?

Le mouvement moderniste a rénové en partie l'enseignement des mathématiques qui, en France, souffrait d'une sclérose certaine, due à la présence des examens des grandes écoles. Dès le début, l'étudiant était formé pour pouvoir passer ces examens. Par exemple, on enseignait la géométrie descriptive parce qu'elle avait été instaurée par Monge[17], le créateur de l'Ecole polytechnique, etc.

L'exigence d'une rénovation était donc réelle ?

Bien sûr, mais les choses ont évolué ensuite dans un sens assez absurde. Le sens logiciste, entendons-nous bien ! Théorie des ensembles, notation logique, calcul des propositions, théorie des quantifications, etc., ce sont là des choses qui, pour le mathématicien professionnel comme pour l'étudiant normal en mathématiques, présentent bien peu d'utilité.

C'est un point de vue que beaucoup contesteraient...

Libre à eux de le faire ! Selon moi, cependant, la théorie des ensembles ne présente pas en soi beaucoup d'intérêt, ni par exemple en mathématique. Le seul intérêt, tout au plus, est dans le fait que l'on donne un symbolisme, que l'on fournit une sténographie destinée à certaines articulations du raisonnement.

En son temps, Hilbert parlait du « paradis cantorien ». Brouwer était un peu plus méfiant[18]. Quelqu'un a même défini la construction cantorienne du transfini en la qualifiant carrément de cathédrale baroque.

Pour moi, elle est plus fantasmatique que baroque, c'est-à-dire totalement en l'air, dans la mesure où elle ne se raccroche d'aucune manière aux mathématiques normales...

Mais pensez-vous la même chose de théorèmes tels que ceux de Gödel, de Tarski ou des résultats plus récents de consistance et d'indépendance de Gödel et de P.-J. Cohen[19] ?

Au-delà d'un certain intérêt philosophique — indéniable —, ces résultats ne font que démontrer qu'il est inutile de travailler dans certaines directions. C'est là — veuillez excuser le jeu de mots — leur utilité. Ce sont des sortes de garde-fous qui nous indiquent qu'il ne faut pas sortir de la route.

En somme, on ne peut pas (et on ne doit pas) tout formaliser...

Exactement ! Mais pour répondre sur ce qu'on appelle les « fondements » des mathématiques, il a été aberrant de prétendre que les mathématiques pouvaient se fonder toutes seules ; pourquoi donc, après tout, les mathématiques devraient-elles être la seule science capable de trouver en elle-même ou dans la logique ses propres fondements ?

Vous êtes donc d'accord avec Dieudonné[20] *quand il dit que Bertrand Russel*[21]*, en voulant promouvoir son programme logiciste, a fait perdre leur temps à ces mathématiciens — peu nombreux — qui l'ont suivi ?*

Je suis d'accord avec lui sur sa position de fond. Donc, Bourbaki a changé d'optique ; j'en suis content ! Dieudonné lui-même l'a reconnu. Bien qu'en 1935, Dieudonné était idéalement, avec Cantor[22], contre ces « vieux réactionnaires » (tels que Borel et Lebesgue[23]) qui insinuaient que toutes ces constructions n'auraient abouti à rien. Et aujourd'hui, Bourbaki, par la bouche de Dieudonné, prend exactement la même position que ces « vieux réactionnaires ». En cela, je serai, moi aussi, réactionnaire !

Mais n'y a-t-il pas aujourd'hui de nouvelles approches au problème des fondements ? Je pense à l'approche catégorielle de MacLane à Lawvere[24] *qui a désormais une longue histoire.*

J'avoue que je n'estime pas beaucoup plus la théorie des catégories que la théorie des ensembles. Certes, la théorie des catégories offre également et de façon évidente un langage précieux dans certains cas ; mais je doute qu'elle soit quelque chose de plus qu'un langage. Justement, MacLane lui-même a admis que dans la théorie des catégories on a fait beaucoup de *abstract nonsense*[25]. En somme, les catégoristes ont travaillé, mais pas assez pour tout réduire à un *abstract nonsense* ! Tant qu'on n'a pas tout réduit à un *abstract nonsense* il reste encore quelque chose à faire ! Personnellement, je ne partage pas cette vision négative des mathématiques. Je ne pense pas que les mathématiques consistent ou doivent consister dans leur totalité en une réduction à un *abstract nonsense* !

Fermons cette parenthèse et revenons à votre histoire ae mathématicien professionnel.

Après les années 1958-1960, j'ai traversé une période plutôt difficile ; en effet, je me suis trouvé face à des problèmes de topologie pure qui étaient au-delà de mes forces : par exemple, problème de la théorie des variétés topologiques, des structures PL[26], etc. Je ne parvenais même pas à consacrer mon temps à de tels problèmes car ils me fatiguaient. J'ai fini par me replier sur une théorie plus simple, en un certain sens, celle des applications différentiables. Il convient ici de reconnaître les grands mérites de Hassler Whitney[27] qui a apporté dans ce domaine des intuitions essentielles sur la classification des singularités des applications du plan sur le plan (œuvres de la période 1954-1955). C'est grâce à ces notions que j'ai réussi à systématiser ses constructions et à introduire une notion, devenue classique par la suite, la notion d'ensemble stratifié[28]. Cela m'a permis de développer une technique qui rendait possible en une certaine mesure la classification des singularités des applications différentiables. Mais, là aussi, je me suis heurté à des difficultés qui ne m'ont pas permis de réussir au sens technique du terme. Ce n'est qu'en 1965-1966 que le mathématicien américain J. Mather a pu amener ces démonstrations à leur terme[29].

Cependant, je ne considère pas que ce travail ait été infructueux ; j'en ai tiré des idées importantes, comme celle du déploiement universel d'une singularité d'une application, idée clef de ce qui sera ensuite la théorie des catastrophes[30].

Mais, qu'est-ce qu'un déploiement universel ?

Il est difficile d'expliquer en deux mots de quoi il s'agit, même si, en un certain sens, ce n'est pas trop compliqué à comprendre. L'idée est celle-ci : quand on a un germe d'une fonction[31] on peut toujours l'immerger dans une famille maximale. Ce germe analytique engendre une famille qui est la famille de toutes ses déformations. Donc, de par sa propre structure, il engendre quelque chose *qualitativement*. Le déploiement universel est tout simplement une manière de « déployer » toute l'information intrinsèque renfermée en une singularité. Selon moi, une singularité d'une application est toujours une chose qui concentre toute une structure globale en une structure locale[32]. Grâce aux travaux de B. Malgrange, qui a démontré une généralisation du

« théorème de préparation de Weierstrass[33] », on a pu démontrer que cette idée du déploiement universel était valable pour des structures différentiables.

Cette idée de déploiement universel est donc, à mon avis, un élément très important de cette constellation d'idées qui accompagnent l'apparition du calcul différentiel. En un certain sens, c'est un retour aux mathématiques du XVIIIe siècle, après toute cette grande construction analytique et formelle du XIXe.

L'idée de déploiement universel contient en un certain sens la partie qualitative de la formule de Taylor[34] : quand on a un germe de fonction différentiable, il y a localement un développement de Taylor et l'on peut légitimement se demander si en tronquant le développement de Taylor à un certain point, ce développement tronqué continue à avoir la même allure, le même type topologique que le germe de fonction différentiable initial.

Cette théorie des singularités permet de résoudre le problème de donner des conditions suffisantes pour que le germe tronqué jusqu'à l'ordre k soit équivalent, *par* un changement de variable, au germe de fonction initial. A l'évidence, il s'agit d'une chose intellectuellement très satisfaisante, dans la mesure où cela permet de réduire localement un germe, décrit par une série infinie, à une série qui se compose d'un nombre fini de termes, cela représente une grande économie de pensée : un moyen unique pour décrire toutes les déformations possibles de ce germe.

En 1966, j'ai donné, un peu empiriquement, la liste des sept singularités qui apparaissent avec un déploiement de dimension inférieure ou égale à 4 ; plus tard, elles ont été interprétées comme les sept catastrophes élémentaires[35].

Et ensuite ? Quels ont été les développements ultérieurs de votre recherche en mathématique ?

A partir de ce moment-là, je me suis un peu désintéressé des mathématiques. Je me suis engagé dans la théorie des catastrophes, dans cette recherche qui va croissant et j'ai donc délaissé les mathématiques proprement dites.

La théorie des catastrophes, ce n'est pas des mathématiques ?

Elle vient des mathématiques, mais ce n'est pas des

mathématiques. Nous reparlerons de son statut ambigu. De toute manière, je ne me suis jamais pris vraiment pour un mathématicien. En fait, un mathématicien doit avoir, selon moi, le goût de la difficulté, des belles structures, riches et profondes. Je n'ai pas du tout ce goût. Les structures ultra-raffinées qui passionnent mes collègues — groupes de Lie, groupes simples finis, etc., en somme, toutes ces sortes de mythologies mathématiques — ne m'ont jamais vraiment intéressé. En revanche, j'aime les choses qui bougent, les choses flexibles que je peux transformer à ma façon.

C'est un type de mathématiques très différentes de celles pratiquées par les algébristes et auxquelles rêvait Bourbaki : les mathématiques aux structures « bien propres », où l'on sait ce que l'on fait...

Je préfère le domaine des mathématiques où *on ne sait pas trop bien ce que l'on fait* ! C'est la raison pour laquelle je considère aujourd'hui les mathématiques avec un certain détachement et je ne saurais dire s'il existe actuellement un problème strictement mathématique pour lequel j'éprouve un profond intérêt. C'est inévitable, on ne peut pas consacrer toute sa vie aux mathématiques !

Mais n'avez-vous pas conclu un de vos articles avec les mots suivants : « ... seul le mathématicien qui sait caractériser et engendrer les formes stables à longue durée a le droit d'utiliser les concepts (mathématiques) ; seul, au fond, il a le droit d'être intelligent[36] *» ?*

Il ne faut pas exagérer. Les mathématiques sont difficiles, mais je pense que la physique théorique présente également d'authentiques difficultés. Alors qu'il n'y a pas de difficultés intellectuelles analogues dans d'autres domaines de la recherche. Selon moi, il y a une différence qualitative entre les mathématiques et la physique théorique d'une part et les autres disciplines scientifiques de l'autre. Ces dernières, je crois, se trouvent à un niveau intellectuel inférieur.

Le savoir mathématique est généralement considéré comme un savoir a priori, *en revanche, les autres disciplines sont empiriques,* a posteriori. *Selon vous, comment se fait-il que la physique théorique soit placée aussi près des mathé-*

matiques ? Quelle est la raison de son prestige parmi les différentes disciplines « empiriques » ?

La physique théorique pose effectivement des problèmes ardus. Actuellement, je me trouve dans un institut où physiciens et mathématiciens travaillent côte à côte et où l'on discute souvent de ses difficultés respectives. J'ai entendu un de mes meilleurs collègues physiciens — collègue que j'estime beaucoup par ailleurs — dire qu'il est infiniment plus difficile de faire de la bonne physique que de la bonne mathématique. Je pense qu'il a raison. Faire de la bonne physique exige véritablement un type d'intuition plus subtile que celle qui est indispensable pour de la bonne mathématique.

Vous faites une allusion particulière à un secteur spécifique de la physique théorique ?

Je pense principalement à la mécanique quantique, plus particulièrement à ce que l'on a appelé la renormalisation, laquelle a constitué l'un des grands algorithmes de la théorie quantique. Mais cet algorithme a longtemps été une énigme pour les mathématiciens professionnels. On commence tout juste à entrevoir une description mathématique correcte du procédé. Ce serait à relier à la théorie de la bifurcation. En fait, en un certain sens, la renormalisation peut devenir quelque chose de semblable à une forme canonique de bifurcation[37].

Comment s'annoncent alors les rapports entre physique théorique et mathématiques ? Le physicien italien Enrico Persico disait à propos d'une phase précédente de la mécanique quantique : « Les physiciens ont trouvé les instruments mathématiques déjà prêts[38]. » L'exemple de la renormalisation comme d'autres cas au cours du développement de la mécanique quantique (par exemple, la célèbre « fonction » δ de Dirac qui a précédé de plus de vingt ans la théorie rigoureuse des distributions due à Schwartz[39]) sembleraient démontrer le contraire. En bref : ce sont les mathématiques qui fournissent aux physiciens leurs « instruments à penser » ou plutôt les physiciens qui posent aux mathématiciens les questions qu'ils doivent résoudre, en les amenant à forcer leurs limites conceptuelles ?

C'est là une question qui m'intéresse beaucoup dans la

mesure où elle aborde un argument soulevé par certains opposants à la théorie des catastrophes qui ont soutenu qu'en ce qui concerne les sciences empiriques, il ne faut pas employer de schémas mathématiques *a priori*. Selon eux, ce sont ces schémas qui, au contraire, doivent être adaptés aux nécessités de l'expérience.

Critiquant sévèrement la théorie des catastrophes et ses applications aux sciences biologiques et sociales, Sussmann et Zahler écrivent : « ... la théorie des catastrophes est une tentative de faire de la science en essayant d'imposer au monde un système préconçu de structures mathématiques plutôt qu'au moyen de la méthode expérimentale[40]. »

Mais « la » méthode expérimentale existe-t-elle ? Sussmann et Zahler sont un exemple typique de critiques dont je parlais. Toutefois, on constate historiquement que les schémas mathématiques ont toujours préexisté aux exigences de l'expérience.

Il y a même des exemples manifestes : pensons aux sections coniques étudiées par Apollonius au IIIe siècle av. J.-C. et qui n'ont trouvé d'applications qu'avec Kepler[41], ou encore au calcul tensoriel qui a trouvé son application dans la relativité générale[42]. Sans parler, comme le disait déjà Persico, de structures mathématiques « déjà prêtes » dans la mécanique quantique : calcul des matrices, espaces de Hilbert, opérateurs sur l'espace de Hilbert, etc. Selon moi, il n'y a qu'un seul contre-exemple authentique à opposer à la thèse soutenant le caractère préformé, presque *a priori* des structures mathématiques appliquées au fur et à mesure à la physique théorique ou à d'autres branches de la connaissance de la réalité : la théorie ondulatoire de Fourier. Il est très clair que la théorie des séries de Fourier s'est véritablement inspirée de la physique, plus précisément de l'étude des cordes vibrantes ou de la théorie de la chaleur[43].

C'est la raison pour laquelle... j'ai un peu pris en horreur la théorie de la transformation de Fourier. Il s'agit là d'un de ces algorithmes dont la très grande majorité des mathématiciens et des savants en général raffolent, mais moi, je l'ai toujours trouvée odieusement linéaire. Trop linéaire pour être sérieuse !

Mais n'y a-t-il pas, peut-être, quelques contre-exemples ?

Pensons au calcul des opérateurs créé par Heaviside[44] *ou, justement, à la δ de Dirac. Dirac utilisait la « fonction » δ avant que Schwartz ne lui ouvre les portes du « paradis de la rigueur*[45] *».*

C'est vrai. Mais là aussi on est dans une optique semblable à celle de la transformation de Fourier. De cette dernière, comme je l'ai déjà mentionné, je suis disposé à reconnaître qu'elle a été suggérée par la mécanique, par la physique. Dans de très nombreux cas, il est cependant arrivé le contraire. Quant aux développements de la physique théorique au XXe siècle, mécanique quantique en particulier, théorie quantique des champs, la situation est assez paradoxale. Il est en effet paradoxal qu'une théorie qui s'est forgée au cours des années 1930-1935 et développée dans le cadre d'une mathématique quelque peu « baroque », ultra-sophistiquée, n'ait pas encore débouché sur une *véritable* mathématique. C'est un symptôme assez inquiétant. On m'accusera sans doute d'entretenir une espèce de préjudice « impérialiste », mais je crois qu'il est important pour une théorie physique d'amener à une mathématique significative. Cela ne s'est cependant pas produit pour la théorie quantique des champs. Dans la pratique, toutes les fois qu'ont été introduits des symboles qui, en principe, semblaient ne rien signifier, par la suite quelqu'un a toujours fourni une preuve permettant de voir que le procédé en question était fondé, rigoureux. Les mathématiciens ont introduit, par exemple, les nombres négatifs et ils ont ensuite construit les nombres imaginaires grâce à un symbolisme pur : il s'agissait de manipuler des symboles, sans se soucier de voir s'ils correspondaient vraiment à quelque chose. La légitimation est venue après ; je pense, par exemple, à l'interprétation des nombres complexes comme vecteurs du plan, c'est-à-dire au célèbre modèle d'Argand et Gauss[46].

Bien. Or, dans la théorie quantique des champs, on dit ne pas savoir très bien multiplier les distributions, et, cependant, on les multiplie quand même ; l'on postule donc que cette opération est licite, on s'arrange pour en tirer un calcul, etc.

Mais malheureusement, les efforts pour établir que ce calcul est rigoureux, même s'agissant du cas le mieux établi physiquement, l'électrodynamique quantique, n'ont pas abouti. Et c'est un autre symptôme inquiétant ; c'est peut-être le premier cas où les physiciens ont vraiment introduit un formalisme que les mathématiciens n'ont pas été en mesure de justifier.

C'est le contraire pour les nombres négatifs ou pour les imaginaires[47] *! Mais ce que vous êtes en train de dire ne va-t-il pas à l'encontre de votre prédilection pour « les choses qui bougent », de votre thèse selon laquelle la recherche des fondements conduit à de fausses pistes et la rigueur n'est pas ce qui compte le plus ?*

Je suis bien sûr convaincu que les choses qui bougent sont fascinantes et qu'il ne faut pas tomber sous le charme de la rigueur en soi. Mais le malheur c'est que les physiciens raisonnent d'une manière tout à fait différente. En général, les physiciens sont des gens qui, à partir d'une théorie mal posée conceptuellement, déduisent des résultats (numériques) allant jusqu'à la septième décimale, ensuite, ils vérifient cette théorie intellectuellement peu satisfaisante, en cherchant l'accord à la septième décimale avec les données expérimentales ! On aboutit ainsi à un horrible mélange entre des concepts de base incorrects et une précision numérique fantastique. Voilà une lacune authentique : si les physiciens abandonnaient la rigueur *et* dans leur élaboration intellectuelle *et* dans les résultats numériques, je n'aurais aucune objection à faire ; mais, malheureusement ils prétendent tirer un résultat numérique rigoureux à partir de théories qui, conceptuellement, n'ont ni queue ni tête.

Cette manière de pratiquer la science qui, selon vous, distingue une part importante de la physique théorique d'aujourd'hui, n'a-t-elle pas, peut-être, ses racines dans la tradition qui remonte à Newton ou même carrément à Galilée ?

Je répondrais par l'affirmative, au moins dans une certaine mesure : c'est le résultat de l'*hypotheses non fingo* de Newton. Certes, Newton, n'avait pas pour habitude d'accepter de bon gré l'absence d'une théorie explicative véridique, loin de là... Mais, *hypotheses non fingo* ! A la fin du XVIIe siècle, on en était venu à décréter qu'après tout, il n'y avait aucune raison de chercher une explication quand on disposait d'une formule qui marchait bien. Et donc, la physique a adopté ce point de vue selon lequel les formules qui ont du succès doivent être présentées dénuées d'explications. Les philosophes positivistes plus radicaux sont même allés jusqu'à soutenir que le devoir de la science était de fournir un ensemble de recettes qui marchent bien et permettent ainsi des prédictions et une action efficace.

Il y aurait donc opposition nette entre explication et prédiction ?

Explication et prédiction sont des objectifs assez opposés de l'entreprise scientifique ! Mais on en a déjà parlé.

Revenons à la physique de notre temps. Pensez-vous que la recherche physique actuelle soit dans les conditions de la théorie quantique des champs ? Ou qu'il y ait des théories plus satisfaisantes intellectuellement ?

J'estime que dans ce qu'on appelle la physique fondamentale — physique des particules élémentaires, physique des hautes énergies, etc. —, nous traversons, aujourd'hui, une période d'effervescence qui ne se prête pas aux bilans. Je serais tenté de dire que l'expérience a permis de rassembler une phénoménologie considérable, même si les efforts théoriques pour l'organiser d'une manière cohérente sont restés à un stade plutôt rudimentaire ; ils sont même devenus de plus en plus rudimentaires au fur et à mesure que cette phénoménologie s'est enrichie.

Dans quel sens ?

Dans le sens que plus des « faits » nouveaux se présentaient et qu'il fallait les ordonner, plus il était nécessaire de disposer de cadres conceptuels adaptés. Selon moi, à l'heure actuelle, la théorie des quarks[48] est une théorie relativement grossière. Un de mes collègues s'est exprimé là-dessus d'une façon plutôt brutale, que je ne rapporterai pas. Un autre, non moins brutalement, a nuancé cette opinion en qualifiant les quarks de couche de fumier sur laquelle cependant pourront éclore de nouvelles théories prometteuses !

Votre avis là-dessus ?

Selon moi, au-delà des difficultés, la mécanique quantique pose des problèmes philosophiques significatifs, comme par exemple, celui de comprendre la nature de l'espace et du temps par rapport aux entités physiques : matière et radiation, qui l'occupent.

On peut se demander si, ontologiquement, l'espace-temps précède les êtres physiques ou bien si ces derniers doivent être considérés comme des entités premières et si l'espace-temps n'est qu'une espèce de superstructure déduite des autres d'une manière, du reste, assez mystérieuse. Moi-même, j'ai beaucoup hésité face à ce dilemme : au premier abord, l'optique de la théorie des catastrophes m'a poussé à considérer l'espace-temps comme entité première et les particules, la radiation, comme des singularités de cette espèce d'éther primitif. C'était, au fond, la conception d'Einstein, sous-tendant sa relativité générale. C'était à elle qu'il voulait enfin aboutir grâce à une théorie convenable du champ unitaire[49]. Il me faut cependant reconnaître que le formalisme quantique ne se prête pas beaucoup à une solution de ce type et qu'il convient peut-être d'accepter l'idée que l'espace-temps n'est pas l'entité première. Il pourrait y avoir des entités plus fondamentales, en un certain sens plus « psychiques », à savoir plus liées au psychisme de l'observateur.

Contre Einstein, donc, à nouveau invoquer l'« esprit de Copenhague » ?

Oui, de ce point de vue, il y a peut-être quelque chose de juste dans l'interprétation de Copenhague. Je pourrais même admettre qu'il y a quelque chose de vrai dans cette vision de l'univers, où l'entité primitive *est* le phénomène perçu par l'observateur. Le problème consiste alors à synthétiser les différentes visions de chaque observateur. C'est dans un tel esprit que j'ai essayé d'expliquer le caractère complexe de la fonction d'onde de la mécanique quantique comme liée à une brisure de la symétrie de l'intersubjectivité des observateurs. C'est là une idée qui n'a jamais été exploitée par les différentes philosophies de la science mais sur laquelle il faudra revenir. Elle m'a été suggérée par la théorie des catastrophes...

C'est-à-dire ?

A la base, il y a l'idée selon laquelle la science est connaissance intersubjective. Pour être scientifique, une acquisition doit être objet de consensus : il faut donc que les observateurs y adhèrent et jouent un rôle égal dans l'acquisition et dans l'interprétation de ce savoir.

C'est une exigence très forte...

Oui, et si on la transfère en un modèle géométrique ou mécanique, on est immédiatement amené à des restrictions considérables sur la nature des entités mathématiques pouvant servir à décrire les phénomènes.

C'est justement dans un tel esprit que j'ai été amené à penser que l'on pouvait interpréter la phase d'un phénomène quantique comme une brisure de la symétrie de l'intersubjectivité des observateurs.

Et pour ce qui concerne le temps ?

Une autre de mes idées préférées est que le temps reste, malgré tout, quelque chose de fondamentalement irréversible. Quand les physiciens affirment que tous les processus physiques sont réversibles, ils expriment ce que les Anglais appellent un *whishful thinking,* un vœu pieux ; ils écartent du phénomène tous ces aspects qui manifestent une certaine irréversibilité pour ne garder que ce qui est parfaitement réversible.

Mais moi, je pense qu'il n'y a pas de phénoménologie sans une forme quelconque d'irréversibilité, dans la mesure où, pour qu'il y ait un phénomène, il faut que quelque chose pénètre dans notre œil.

Les atomistes anciens — Démocrite, Epicure, Lucrèce — pensaient que des êtres très petits, des corpuscules, pénétraient vraiment dans notre œil[50]*...*

Mais c'est comme si un objet naturel pénétrait vraiment dans notre œil ! Donc, dans l'acte même de connaissance il y a toujours quelque chose de fondamentalement irréversible. C'est justement en gommant cet aspect d'irréversibilité que les physiciens ont pu dire que les phénomènes sont régis par les lois réversibles...

Cependant, ils pourraient avoir raison dans certains domaines, comme par exemple, la mécanique céleste.

C'est elle justement qui constitue, en revanche, un de mes exemples préférés. Si la mécanique céleste donne lieu à une phénoménologie, c'est parce que nous y voyons les planètes et nous les voyons parce qu'elles sont illuminées par le soleil.

C'est donc à partir du couplage de la mécanique céleste (qui est, en principe, réversible) avec ce phénomène fondamentalement irréversible qu'est la radiation solaire (la transformation de l'énergie gravitationnelle du soleil en énergie lumineuse), que nous pouvons voir les planètes et que, en conséquence, le phénomène réversible devient une phénoménologie. C'est une donnée fondamentale.

Mais alors, comment situer la dichotomie réversible/irréversible en physique et en chimie ? N'est-ce pas cette dichotomie qui a sous-tendu la naissance de la thermodynamique comme secteur autonome de recherche ?

Pour répondre, on doit un peu sortir de la physique fondamentale et entrer dans la physique macroscopique. En physique macroscopique, il est clair que l'irréversibilité est reine. C'est là que réside le paradoxe : à une échelle élémentaire on refuse l'irréversibilité alors qu'on l'accepte à l'échelle macroscopique. Je crois qu'une des raisons à cela, c'est qu'à l'échelle macroscopique, il y a une permanence de la validité de la description linguistique. En d'autres termes, la description qualitative du phénomène, dans les limites d'un langage commun, a une valeur permanente. La notion d'irréversibilité est, en quelque sorte, englobée par la grammaire, pour ainsi dire, l'irréversibilité est *dans la grammaire*.

Par exemple ?

Déjà dans la distinction entre nom et verbe dans la phrase, il y a une sorte d'irréversibilité. Prenons mon exemple favori : *Le chat mange la souris*. Il s'agit clairement d'un processus fondamentalement irréversible...

Mais tous les verbes n'expriment pas des actions irréversibles ?

Je suis d'accord. Je pense cependant que si l'irréversibilité a été acceptée dans le monde macroscopique, c'est qu'elle a été compatible avec un consensus intersubjectif, et cela grâce à l'utilisation du langage commun.

Le langage quotidien a permis un consensus intersubjectif concernant la description de processus irréversibles, alors que la description mathématique ne le permet pas. Pensons à la théorie usuelle de Hamilton, c'est-à-dire à la mécanique réversible. Là, on voulait un modèle quantitatif et valable intersubjectivement. Ce qui signifie valable pas seulement pour les hommes du présent mais aussi pour ceux du passé et du futur : un cadre global valable, indépendamment de l'époque.

Il n'est donc pas possible de construire une mathématique de l'irréversibilité ?

Cela me paraît difficile. On peut évidemment construire un système différentiel qui présente des attracteurs : on part d'une situation initiale donnée et on cherche les états asymptotiques de la trajectoire. Si ces états présentent des propriétés, en un certain sens, de stabilité structurelle, on peut d'une certaine manière caractériser une évolution vers une limite mais, et c'est cela qui est curieux, l'état asymptotique devient lui-même réversible. Quand on va à $t = + \infty$, c'est-à-dire quand on considère la limite pour t tendant vers l'infini, que l'on prenne l'infini + 1 ou l'infini tout simplement, on a la même limite. Donc, d'une certaine façon, on abolit l'effet du temps dans la limite elle-même : et c'est, d'après moi, une des raisons de la réversibilité des lois physiques.

Ce faisant, on a oublié les situations transitoires, ce qui est du reste typique de la mécanique quantique.

Personne ne sait comment se produit une transition quantique ; la seule chose que l'on puisse dire c'est que l'on « saute » d'un état initial à un état final. La transition, personne ne la connaît ou n'est capable de la décrire.

Mais que dire, alors, de l'extrapolation de l'irréversibilité de la physique à la biologie ?

Là, je suis d'accord avec Prigogine pour dire que les phénomènes du vivant sont irréversibles. C'est une affirmation d'une évidence telle que personne, je crois, n'oserait insinuer le contraire. On pourrait cependant discuter longuement sur la méthodologie générale de Prigogine. Prigogine est parti de la thermodynamique ; je pense cependant que toutes les fois que l'on a pu effectivement montrer ce que Prigogine appelle les « structures dissipatives », cela a été grâce à des lois explicites de dynamique où la thermodynamique n'apparaissait pas.

Sous cet angle, j'estime que sa théorie nous trompe quelque peu, dans la mesure où elle se présente comme thermodynamique dans des situations où la thermodynamique n'a plus de rôle à jouer. On se limite donc toujours à l'étude d'un système explicite et si ce dernier n'est pas complètement connu, on peut se servir de considérations qualitatives comme celles de la théorie des catastrophes ou de la théorie de la bifurcation. Je pense que ma position est donc logiquement plus cohérente ; j'ai toujours essayé de donner des modèles géométriques des situations limites des dynamiques irréversibles : et, dans la théorie des catastrophes justement, je me suis efforcé de donner, d'une certaine manière, des conceptualisations de phénomènes irréversibles typiques : par exemple, le saut d'un attracteur à un autre.

En conclusion ?

Pour ce qui concerne la recherche physique, je pense qu'à côté de la physique fondamentale une place importante doit être laissée à la physique macroscopique. De ce point de vue, il me semble légitime de conclure, même si je pèche un peu par optimisme, que mon livre a contribué à faire en sorte que les physiciens reviennent à la physique macroscopique, en les soustrayant au charme de la physique fondamentale. Je pense plus particulièrement à la physique des solides, et surtout, à la physique des milieux ordonnés, des cristaux liquides, etc. C'est là un secteur qui, au cours de ces dernières années, a fait beaucoup de progrès. Selon moi, une des idées les plus intéressantes est celle qui est à la base du principe dit de Kleeman-Toulouse permettant de reconnaître ces *défauts* qui, dans une structure ordonnée, sont structurellement stables. C'est un principe qui fournit un critère topologique pour la stabilité structurelle de ces défauts.

L'idée n'est peut-être pas issue directement de la théorie des catastrophes, mais elle s'accorde assez bien avec sa philosophie générale, selon laquelle, une structure ordonnée est une sorte de donnée globale et le défaut apparaît comme une obstruction à la prolongation de cette donnée globale, à travers le défaut.

Ce n'est peut-être pas très clair, mais en examinant des exemples on comprend tout de suite de quoi il s'agit. Prenons-en quelques-uns : pensons à l'orientation des molécules dans un état nématique[51] ; nous nous heurtons ici à un défaut appelé « courbe de disinclination » ; le vecteur, constitué par la direction des molécules, tourne quand on tourne autour du défaut de la « courbe de disinclination » et on a un degré associé à cette singularité du champ de vecteurs ; la non-nullité de ce degré implique la stabilité du défaut. C'est une idée très profonde et certainement utile qui démontre, entre autres choses, que les considérations topologiques, même qualitatives, peuvent intervenir dans la morphogénèse des milieux inanimés.

Jusqu'ici il n'a été question que de physique. Et la chimie ?

Pour moi, la chimie représente une espèce de zone intermédiaire entre les théories mathématiques de la physique théorique, telles que la mécanique et la physique expérimentale, et les théories, plus séduisantes sur le plan conceptuel, rencontrées en biologie et, dans une certaine mesure, également dans les sciences humaines. La chimie est un domaine où intervient une sorte d'arbitraire de la matière. Seule la théorie générale de la cinétique chimique est une bonne théorie qui a servi, entre autres, de modèle principal à la théorie des catastrophes, laquelle, dans sa forme biologique originelle, s'inspirait de Max Delbrück[52].

Cette théorie pouvait aussi s'interpréter en termes de champ de cinétiques chimiques locales et de ce point de vue, ce modèle chimique a eu son rôle dans l'élaboration de la théorie des catastrophes. Il me faut cependant avouer que la chimie proprement dite ne m'a jamais beaucoup intéressé.

Pourquoi ?

Peut-être parce que des notions telles que celle de valence, de liaison chimique, etc., m'ont toujours semblé très peu claires du point de vue conceptuel. Cependant, les conceptualisations liées à la notion de densité électronique dans les molécules et une classification des différentes bifurcations subies par le nuage de densité électronique dans le voisinage des molécules pourraient peut-être permettre une conceptualisation plus satisfaisante de ces notions.

Par ailleurs, il y a la chimie morphologique, si l'on peut dire. Par exemple, tout ce qui a été fait récemment à propos des réactions du type de celle de Zabotinskij[53] peut être à l'origine d'interprétations intéressantes, d'autant plus que bien peu de réactions chimiques donnent naissance à des morphologies, tout au moins à des morphologies faciles à interpréter.

Et pourtant, même dans d'autres secteurs, ce type de morphologies chimiques pourrait se révéler prometteur ?

Evidemment, si nous considérons les différentes précipitations dans les matériaux, toute une morphologie intéressante se présente.

Mais celle-ci est assez difficile à interpréter. Un autre aspect intéressant : dans les années 1910, Stéphane Leduc avait prétendu donner une théorie de la vie en se servant de la morphologie chimique. Il fabriquait des cellules avec des membranes artificielles. Dans tous ces travaux, il y a sûrement une idée de départ pour des réflexions productives et l'on s'est peut-être arrêté un peu trop tôt sur cette voie. Dans mon ouvrage, *Stabilité structurelle et morphogénèse,* j'ai préconisé une étude plus systématique de la formation des morphologies des milieux inanimés ; on ne peut raisonnablement pas espérer comprendre la morphologie du vivant avant d'avoir bien compris celle des milieux inanimés. Je crois qu'au cours de ces dernières années un effort notoire a été fait dans cette direction : aujourd'hui, on accepte plus facilement l'idée que certains milieux inanimés génèrent d'une façon quasi obligatoire, d'une façon très stable, des morphologies extrêmement complexes. C'est là un ordre d'idées qui apportera certainement de nouvelles précisions conceptuelles sur l'ordre biologique, et sur certaines croyances concernant la thermodynamique ; le deuxième principe nous dirait que les systèmes vont toujours d'un état ordonné à un état chaotique. En réalité, si l'on regarde de près la démonstration du second principe de la thermodynamique, il n'y a absolument rien qui permette d'affirmer que la variation de l'entropie soit nécessairement liée à une évolution vers un état chaotique. L'évolution vers un état plus stable d'un système pourrait, en revanche, être liée à l'apparition d'un ordre. Ici, il y a évidemment quelque chose de nouveau que les chercheurs n'ont pas toujours compris pleinement.

Tant pour la physique que pour la chimie, vous parlez de morphologie structurellement stable. Vous nous avez déjà exposé les raisons épistémologiques profondes qui induisent à présupposer la stabilité. Et pourtant, déjà en mécanique, la majeure partie des processus ne sont pas structurellement stables !

Anticipons ici ce qui a été une des plus formidables objections à la théorie des catastrophes. On a dit que après tout, les lois de la physique, en particulier celles de la mécanique, ne sont pas structurellement stables : en conséquence, l'hypothèse de stabilité structurelle faite dans les modèles n'est pas pertinente. Ma réponse à cela est très courte : si, dans certains cas, on se sert de la mécanique hamiltonienne, c'est-à-dire d'une mécanique conservative et réversible, c'est parce qu'il y a une contrainte sous-jacente qui oblige à considérer ce type de dynamique.

Quelle contrainte en l'occurrence ?

Celle de l'intersubjectivité : il faut présenter une description valable tant pour le passé que pour le futur ; comme je l'ai déjà dit. La chose curieuse c'est qu'à l'échelle macroscopique cette exigence n'est plus satisfaite : les modèles perdent, en un certain sens, leur validité ; mais la description linguistique, elle, reste toujours valable. Voici un phénomène difficile à expliquer : pourquoi la description linguistique conserve-t-elle sa validité dans notre univers ? Avec les mêmes mots, nous décrivons les mêmes objets et ceux-ci ont pratiquement toujours les mêmes propriétés, la même apparence, la même forme, la même composition. C'est vraiment l'une des énigmes du monde où nous vivons.

Et nous, nous n'avons pas immédiatement conscience de cette énigme parce que notre esprit est organisé d'une manière telle que nous tablons sur la stabilité des choses, pour pouvoir en parler, pour les utiliser, etc. Ce qui n'empêche pas que sur le plan scientifique, la stabilité des choses constitue un problème énorme !

La question est peut-être liée à des considérations extrêmement raffinées sur les systèmes hamiltoniens : dans un système de ce genre, il y a fréquemment ce que moi j'appelle des « attracteurs vagues ». Un attracteur vague est une sorte de grand ouvert dont le comportement est plus ou moins chaotique : et puis, à côté de celui-ci, il y a des petits noyaux centraux, par exemple le voisinage d'une trajectoire fermée centrale, où le point est prisonnier et ne peut plus sortir. Il est possible que le conflit entre ces différents attracteurs vagues puisse être modélisé avec des considérations, type théorie de la bifurcation[54], que l'on peut décrire linguistiquement.

Enfin, le fait que la majeure partie des objets auxquels

nous avons à faire dans le monde où nous vivons, le monde macroscopique, soient des solides corrobore selon moi l'idée que la phase solide est en fait la phase cristalline, phase dont la périodicité est stricte en opposition aux phases liquide et gazeuse qui sont infiniment moins ordonnées. Une réflexion plus approfondie sur le problème de la transition de phase permettrait sans doute de comprendre la stabilité de la description linguistique, au moins partiellement, dans la mesure où dans la langue, l'aspect biologique joue également, en particulier pour la prédation[55].

Passons donc de la chimie à la biologie.

La biologie actuelle est dominée par la théorie moléculaire. Il y aurait beaucoup à dire sur l'attrait exercé par la biologie moléculaire au cours de ces dernières années. Une chose me paraît certaine : la majeure partie des idées préconisées au début de la biologie moléculaire ont subi récemment des remaniements considérables. Il est vrai que le célèbre « dogme central » selon lequel l'ADN sert à la synthèse des protéines est resté pratiquement intouché[56], mais les idées que l'on avait sur les mécanismes effectifs permettant cette synthèse ont subi des modifications considérables.

Par exemple ?

Je me rappelle qu'une fois, en 1966, j'avais été invité par Waddington[57] à un colloque de biologie théorique, à la villa Serbelloni à Bellagio, à l'occasion duquel j'ai rencontré Francis Crick[58]. J'ai eu alors avec lui des discussions plutôt vives, en particulier sur le problème de savoir si une bactérie avait une morphologie interne. Crick soutenait que la bactérie est un *enzyme-bag,* alors que, selon moi, elle est dotée d'une morphologie interne extrêmement subtile et compliquée. Je crois que, par la suite, la majeure partie des bactériologistes et des microbiologistes ont pratiquement abandonné l'idée de l'*enzyme-bag,* reconnaissant l'existence d'une morphologie interne de la bactérie, comportant des systèmes très compliqués de membranes, de saccules, de vésicules, etc.

Quant aux mécanismes qui régissent la duplication de l'ADN, il y a encore beaucoup de mystères : personne ne sait — ni ne réussit à décrire de manière explicite — comment ils se mettent en œuvre. En général, on rapporte l'ADN à la célèbre structure de la double hélice : mais on n'a pas encore trouvé une solution claire au problème de savoir comment il est possible que deux filaments parviennent à se débobiner sans se briser. Personnellement, je pense que la structure à hélice double de l'ADN est une structure plutôt exceptionnelle. Probablement, *in vivo,* les deux filaments ne sont pas « embobinés » en une spirale, mais forment plutôt les bords d'un ruban assez plat qui peut s'ouvrir pour la lecture et subir de nombreuses modifications. De même, la continuité linéaire du génome[59], qui représente l'un des fondements de la biologie moléculaire, est quelque chose qui m'a toujours semblé appartenir au domaine des postulats plutôt qu'à l'évidence expérimentale. Ce qui compte, de toute façon, c'est que le génome existe en tant qu'entité formelle et qu'il puisse être réalisé matériellement dans un certain nombre de conditions, mais pas toujours.

Mais l'on peut également soutenir que le modèle de Watson et Crick répond justement à l'exigence que vous-même soulignez constamment, à savoir arriver à une description localement finie de la réalité correspondante... D'une manière plus générale, la biologie moléculaire procède aujourd'hui comme une combinatoire, justement grâce au tout petit nombre de molécules qui entrent en jeu...

Il est parfaitement vrai que la morphologie, que la biologie moléculaire met en évidence dans certaines structures comme l'ADN, répond à la condition d'être une structure localement finie et, en conséquence, descriptible.

Il reste cependant le grand problème de la formalisation des connexions entre le niveau moléculaire (ou macromoléculaire) et les niveaux supérieurs (cellule, organisme, etc.).

La pensée biologique contemporaine est encore, je crois, trop fascinée par la molécule et n'a pas suffisamment conscience des contraintes globales qui agissent dans le métabolisme. Dans le domaine biologique, il y a un énorme effort d'éducation à faire et je ne sais pas combien de temps il faudra pour arriver enfin à une intuition des contraintes globales. Personnellement, j'ai proposé dans mon livre des idées qui sont restées lettre morte, même si je demeure convaincu de leur validité, au moins comme tableau général des contraintes qui s'exercent dans un métabolisme astreint à s'autorépliquer.

Quelqu'un vous a déjà objecté qu'une telle attitude « globaliste » avait des antécédents précis, type Lyssenko[60]...

Citer le nom de Lyssenko est un peu tendancieux : Lyssenko n'a certainement pas le monopole des déclarations « holistiques » en biologie. Avant tout, je veux dire que l'autoduplication d'un système, par exemple une cellule qui engendre deux cellules descendantes, fait nécessairement appel à des contraintes à caractère topologique et, à mon avis, l'existence du génome est justement l'un des aspects de ces contraintes topologiques.

Quand j'ai créé la théorie des catastrophes, j'ai pensé, au début, à l'appliquer à l'embryologie. Pour l'anecdote, je pense que cette intuition m'est venue alors que je visitais à Bonn, en Allemagne, en 1961, le Museum d'histoire naturelle dans le Poppelsdorfer Schloss. On y donnait une réception offerte par les mathématiciens de l'université ; c'est en visitant ce musée, que j'ai vu un modèle en plâtre représentant la gastrulation[61] de l'œuf de la grenouille. En voyant le sillon circulaire qui se formait pour se refermer par la suite, j'ai vu, par un phénomène d'association, l'image d'une fronce associée à une singularité. Cette sorte de « vision » mathématique a été à l'origine des modèles que j'ai ensuite proposés à l'embryologie. Bien sûr, dans ce domaine, je ne pense pas avoir fait école, car des recherches de ce genre sont restées jusqu'ici lettre morte chez les biologistes ! Il faudra sans doute attendre encore une quinzaine d'années avant que ce type de considérations réussisse à faire son chemin.

Mais dans votre livre vous vous êtes justement adressé aux biologistes. Quel obstacle a empêché que vos idées soient reçues ?

Il est assez paradoxal que les critiques qui ont été faites de mon livre aient porté principalement sur ses aspects mathématiques, recouvrant d'un voile charitable mes considérations biologiques.

Parmi les différents critiques, en fait, seul Klaus Jänich a eu le courage de présenter les choses en sens inverse, en faisant remarquer que, après tout, le grand intérêt de mon livre résidait justement dans l'interprétation des phénomènes biologiques et particulièrement des phénomènes embryologiques et non pas tant dans la partie mathématique qui, dans une certaine mesure, est déjà dépassée. Vous m'avez demandé comment il se fait que les biologistes n'aient pas compris ou n'aient pas accepté mon point de vue. Eh bien, on peut avancer différentes raisons : la première est que toute la biologie contemporaine est dominée par l'expérience. Donc, étant donné que les hypothèses que j'ai proposées ne sont pas susceptibles d'une vérification empirique — tout au moins dans leur forme actuelle —, les biologistes qui pensent uniquement en termes d'expérience soutiennent que mes idées sont des « fables » et que, ne pouvant être vérifiées empiriquement, elles ne présentent aucun intérêt. Mais la philosophie selon laquelle tout ce qui n'est pas justifiable par l'expérience est dénué d'intérêt, est elle-même dénuée d'intérêt : c'est, à mon avis, une philosophie limitée, « myope », si l'on peut dire. Il y a aussi une autre raison : l'utilisation de concepts plutôt abstraits, comme ceux de système dynamique, de champ morphogénétique, d'attracteur, etc., pose de sérieuses difficultés sur le plan de l'intelligibilité, principalement à cause de la méfiance traditionnelle des biologistes à l'égard des mathématiques.

Y a-t-il une autre raison ?

Celle-ci peut-être : les biologistes contemporains estiment qu'ils n'ont absolument pas besoin de théories. Dans la mesure où ils pensent pouvoir travailler en toute liberté sur le matériel biologique, ils n'en éprouvent pas le besoin. Du reste, si on peut vraiment travailler sans théorie, pourquoi en chercher ?

Ce qui veut dire qu'en biologie, le travail empirique est tout ?

Des recherches stimulées par des raisons pratiques — comme la clinique médicale ou le contrôle des épidémies — exigent une sérieuse approche expérimentale. Ce qui est curieux, c'est que la pensée biologique a transféré sur le plan général une exigence d'action qui provenait de la médecine et de nécessités cliniques. C'est pourquoi les biologistes n'éprouvent pas le besoin de théories, j'en veux pour preuve qu'ils n'ont pas institué de chaire de biologie théorique.

Y aurait-il un contre-exemple ?

Oui, mais en général ces chaires de biologie théorique

ne durent pas longtemps. Par exemple, je me rappelle que l'université de Buffalo, aux Etats-Unis, en avait institué une qui, très vite, a été orientée vers des disciplines « sérieuses » comme la biophysique ou la biochimie.

Simple conservatisme académique ?

Pas seulement. Ce qui a joué ici, c'est que la pensée biologique contemporaine a, d'une façon générale, repoussé l'idée que les processus vitaux puissent être soumis à une analyse à caractère conceptuel, sans devoir recourir à une connaissance chimique profonde.

Donc, en biologie, il y a deux domaines « sérieux » : la biophysique et la biochimie. Il ne reste plus de place pour la biologie « théorique » !

C'est exactement ça ! L'espace laissé à la théorie est très restreint, même sur le plan institutionnel.

Mais ne court-on pas le risque qu'une chose analogue se vérifie aussi en ce qui concerne les sciences humaines ?

Non, d'après moi, la situation est quelque peu différente dans les sciences humaines. A l'inverse des biologistes, les chercheurs en ce qu'on appelle les sciences humaines ont parfaitement conscience du fait qu'ils n'ont pas d'authentiques théories.

Les linguistes sont un peu une exception...

Oui. Pour les linguistes, les choses sont différentes ; ils pensent avoir atteint le stade suprême de la scientificité et ils considèrent les autres disciplines un peu de haut. Mais les économistes, les sociologues, les psychologues sont conscients des difficultés qu'ils rencontrent pour construire des modélisations théoriquement satisfaisantes.

Ils sont aussi très disponibles pour prendre en considération tout ce que les mathématiciens peuvent leur fournir ! Sous cet angle, le mathématicien a une responsabilité considérable : il s'agit ici de freiner les enthousiasmes plutôt que d'en susciter.

Donc, les spécialistes des sciences humaines ont un véritable complexe d'infériorité à l'égard des sciences exactes.

C'est bien ça.

C'est véritablement un besoin de légitimation.

Oui. Tout ce que les mathématiques leur donnent est bienvenu. C'est un défi contraignant pour la créativité du mathématicien... Je suis cependant perplexe et déçu, car même les critiques les plus favorables mésestiment le sens de la modélisation mathématique dans les sciences sociales...

Prenons par exemple toute la controverse au sujet des modèles construits par Zeeman en théorie des catastrophes[62]. Ce sont des modèles qui, à mon avis, ne se prêtent pas beaucoup à un traitement quantitatif. Si on veut les rendre quantitatifs par force, on n'obtient qu'une quantification illégitime, *spurious quantification,* comme l'ont écrit Sussmann et Zahler[63]. L'intérêt véritable de ces modèles ne réside pas dans la bonne ou mauvaise quantification qu'ils pourraient permettre, éventuellement. Mais nous reparlerons de cela plus tard.

Cette insistance sur les résultats quantitatifs ne se rattacherait-elle pas, sans doute, à l'inflation expérimentale de la science contemporaine ?

Oui. C'est là un de mes thèmes préférés. Une grande partie des discours actuels sur les progrès de la science expérimentale est l'aumône que la corporation scientifique verse à l'opinion publique afin qu'elle continue à subventionner la recherche.

C'est, en somme, une espèce de propagande pour le public des non-spécialistes...

... qu'il faut donc convaincre de la grande importance de ce que l'on fait. Selon moi, tous ces discours sur le progrès doivent être pris avec beaucoup de réserves. Je pense vraiment que les chercheurs de la génération de nos parents ou même de nos grands-parents (c'est-à-dire aux alentours des années 1880-1900) ont connu des progrès beaucoup plus importants que ceux qu'a pu connaître la génération actuelle.

Que pensez-vous alors d'une des affirmations préférées de Jean Dieudonné, selon laquelle on a fait plus de progrès en mathématiques, disons de 1945 à aujourd'hui, que dans toute la période partant de Thalès jusqu'à la fin de la Deuxième Guerre mondiale[64] ? Peut-être y a-t-il en mathé-

matique un type de progrès ou un rythme de croissance différent de celui des sciences empiriques ?

D'après moi, le jugement de Dieudonné vaut plus sur le plan quantitatif que sur le plan qualitatif. Je n'entends certes pas minimiser tout ce qui a été fait en mathématique, au cours des toutes dernières années. Mais, par exemple, il m'est difficile de voir des progrès vraiment notoires en mathématique après 1964 ! Sauf peut-être la classification des groupes finis simples...

Je n'aperçois pas de choses comparables au développement de la topologie algébrique des années cinquante et aux développements de la dynamique qualitative avec Smale[65] au début des années soixante. Je ne comprends pas bien à quoi Dieudonné fait allusion. Probablement aux progrès de la géométrie algébrique abstraite... De toute façon, au cours des quinze dernières années, il y a eu un très, très grand résultat dû à Hironaka : la résolution des singularités des variétés algébriques[66]. A ce propos, je voudrais cependant ajouter qu'il s'est agi d'un progrès ayant plus un caractère technique qu'autre chose. Mais sans doute y a-t-il un peu d'ignorance de ma part... Je me suis trop détaché, comme je le disais plus haut, de la recherche mathématique de pointe.

Donc, pas même en mathématiques, une moisson de succès fulgurants ?

Je serai prudent. Il me semble qu'une affirmation comme celle de Dieudonné pourrait être exploitée par ces spécialistes qui continuent à proclamer que la science va de succès en succès, justement pour justifier l'importance qu'ils lui attribuent et pour en récolter un crédit social plus grand. Je ne pense pas du tout, évidemment, que ce soit là la motivation de Dieudonné : les mathématiciens sont plus exigeants.

Je fais surtout allusion à la mauvaise habitude de certains « experts » — en physique, en biologie, etc. — consistant à glorifier les « conquêtes » de leurs disciplines respectives... C'est une attitude qui, à mon avis, devrait être rigoureusement contrôlée par les préposés aux *mass media*. L'un des grands apports de l'épistémologie de T.S. Kuhn a consisté justement à montrer que le progrès scientifique est quelque chose d'automatique. Par définition, un savoir scientifique ne peut que progresser ; alors que l'art et la philosophie ne progressent pas nécessairement, la science, elle, progresse obligatoirement.

Alors, de ce point de vue, dire que la science progresse équivaut à proférer une simple tautologie !

Certainement. Le vrai problème n'est pas de savoir si une science « progresse », mais d'évaluer la qualité du progrès. Or, si nous considérons ce que les sciences, dans leur ensemble, ont produit des années cinquante à aujourd'hui, nous pourrions également conclure que les progrès ont été qualitativement beaucoup moins significatifs que ce à quoi on pouvait raisonnablement s'attendre. On sait, grâce aux statistiques, qu'il y a eu plus de savants de 1950 à maintenant que dans toute l'histoire précédente de l'humanité ! Voulons-nous pour autant prétendre que le progrès dû à cet apport massif de chercheurs est comparable aux efforts consacrés dans le passé par l'humanité à l'entreprise scientifique ? Pas du tout. Il y a une stagnation dans la croissance après les années cinquante...

Et pourtant, dans l'opinion publique il y a la sensation diffuse d'un progrès scientifique important, justement au cours de ces années !

C'est une illusion ! Même dans notre vie de tous les jours, nous ressentons les effets de la stagnation. Par exemple, prenons l'utilisation de l'énergie fossile. Celle-ci a permis de très grands progrès : amélioration des communications, transports plus rapides, etc. Et pourtant, un jour, les provisions s'épuiseront. La crise du pétrole est un symptôme inquiétant. Dans pas très longtemps, comment remplacera-t-on les sources énergétiques usuelles ?

Mais enfin, ces tout derniers temps, la science n'a-t-elle pas changé notre vie ?

Sans aucun doute. Mais sur le plan du bien-être, je ne pense pas qu'elle ait donné les fruits attendus. L'espoir de prolonger la vie, par exemple, n'a pas été exaucé au cours de ces dernières années, surtout dans les pays développés. La médecine continue à se révéler pratiquement impuissante face à des maladies dégénératives qui mettent un terme à la vie humaine entre soixante-dix et quatre-vingts ans.

Les progrès de la biologie n'ont donc pas eu d'effets

radicaux quant à l'amélioration de la santé et de la longévité.

Mais on ne peut tout de même pas nier une série de succès remportés par la recherche physique !

Jusqu'ici, il s'agit de succès technologiques — physique des solides, physique des matériaux — qui, en soi, ne signifient pas encore bien-être. Pour ne pas parler de l'énergie nucléaire !

A propos de cette dernière : est-ce une promesse ou une menace ?

Désormais, les difficultés liées à l'utilisation civile et militaire de l'énergie nucléaire sont bien connues ! Inutile que je m'étende là-dessus !

Dans l'ensemble, donc, bilan négatif ?

Non, positif quand même : il ne peut en être autrement (au moins si l'on est d'accord avec Kuhn !). Cependant, sur le plan de l'efficacité et des possibilités d'amélioration des conditions de vie, on peut se demander si en fait le bilan n'est pas négatif.

Il y a cependant quelques exceptions...

Le seul point pour lequel il me semble qu'il y ait indiscutablement un progrès spectaculaire est celui des recherches spatiales. En envoyant des observateurs au-delà de l'atmosphère terrestre, on a très certainement amélioré notre capacité de sonder les cieux : partant d'observations meilleures, l'astronomie en tirera sans aucun doute grand profit. La découverte d'objets célestes étranges, de « monstres du ciel » ne fait que le confirmer : pensons aux pulsars, aux quasars, aux fameux trous noirs.

Nous nous trouvons dans une situation où l'astronomie commence à percevoir une riche « pathologie » dans les cieux : l'examen de cette pathologie se révélera certainement riche en enseignements.

Mais, à part cela, les critiques des différents programmes spatiaux soutiennent que de telles entreprises n'amélioreront en rien la qualité de la vie...

Certainement : on ne voit pas comment la conquête de l'espace extérieur pourrait profiter à l'humanité ! Mais je dirais que c'est dans la logique de l'évolution et du destin terrestre que d'essayer de « coloniser » tous les espaces possibles...

De toute manière, il reste le fait que, vu sous l'angle de l'augmentation du bien-être global de l'humanité, on a peut-être péché par optimisme...

A mon avis, l'opinion publique a été dans une certaine mesure trompée par les déclarations optimistes des spécialistes. Et peut-être les gouvernements eux-mêmes ont été également les victimes de cet optimisme. Mais bien entendu, ils ont aussi d'autres raisons de s'intéresser aux sciences, parmi lesquelles, en bonne place, les possibilités d'applications énergétiques et militaires !

On pourrait peut-être avancer comme « critère » de progrès l'accroissement de notre compréhension du monde, dans une perspective « plus désintéressée »...

Alors, si l'on entend soutenir que le but ultime de la science est de comprendre davantage le monde qui nous entoure, de le rendre « plus intelligible », de ce point de vue aussi, je crois, de grands progrès n'ont pas été faits au cours de ces dernières années. Naturellement, on ne manquera pas d'objecter aussitôt : il y a la biologie moléculaire ! Comme je l'ai déjà dit auparavant, je pense que celle-ci a apporté plus de problèmes qu'elle n'en a résolu !

Mais cela ne pourrait pas être, justement, le signe de l'authentique progrès scientifique ? Si les problèmes sont « le pain » de la science (comme disait André Weil, au moins pour ce qui concerne les mathématiques[67]*) qu'ils soient les bienvenus !*

La biologie moléculaire a attiré l'attention sur certaines morphologies des molécules à l'intérieur des processus vitaux et, avec raison, elle a montré que ces molécules présentaient un caractère extrêmement typique, symbolique, ayant un rôle central dans la régulation globale du vivant. Au fond, la biologie a procédé du point de vue moléculaire comme les neurophysiologues ont procédé en matière de localisation cérébrale : si un processus nécessite l'intégrité d'une certaine partie du cerveau, on tend à dire que c'est cette partie du cerveau qui en est responsable. De façon analogue, puisque la synthèse d'une protéine a besoin de la présence de l'ADN, la tendance est de dire que l'ADN est responsable de la synthèse des protéines.

Mais si l'on replaçait les choses dans une perspective globale, on s'apercevrait que la situation n'est pas aussi simple. En somme, toute la biologie moléculaire est fondée sur l'idée que pour chaque processus, on peut trouver un agent chimique responsable, mais il faudrait renoncer une fois pour toutes à cette mythologie ! Par exemple, lorsqu'on veut combattre une maladie virale, on essaye de détruire le virus à l'aide d'un agent chimique (que l'on baptise « interféron »). Il faut être d'une incroyable naïveté pour croire qu'une seule substance chimique puisse agir sur tous les types de virus... Mais toute l'histoire de la biologie moléculaire n'est qu'une série de naïvetés de ce calibre, contredites par l'expérience. On voulait qu'un seul agent, une seule enzyme fût responsable de la duplication de l'ADN, qu'il y eût une seule polymérase[68] alors qu'il y a, en revanche, un nombre énorme de polymérases ; on voulait qu'il y eût une correspondance bi-univoque entre le gène et le m-ARN (ARN messager), alors qu'on n'a rien trouvé de tout cela chez les eucaryotes[69]. Car on a découvert que le m-ARN était composé à partir de segments appartenant à des gènes différents, très loin les uns des autres sur le génome, etc.

En somme, on n'en finirait jamais d'énumérer toutes les modifications qui ont été apportées petit à petit au dogme central de la biologie moléculaire[70]. En conclusion, le pseudo-progrès de la biologie moléculaire a été un progrès de simple description, non d'explication. Après tout, pour ce qui concerne les processus généraux de la régulation des êtres vivants, j'ose affirmer que, paradoxalement, on les connaissait mieux avant la découverte de l'ADN et des molécules chimiques qui caractérisent le génome, excepté certains cas, mais des cas très particuliers, très locaux. La compréhension générale des mécanismes de régulation présente encore d'énormes lacunes.

Les progrès vantés par les biologistes ne sont en réalité que des acquisitions de nouvelles descriptions. C'est cette caractéristique des choses qu'on lie essentiellement, comme nous le disions, à l'aspect purement empirique de la science moderne. Aujourd'hui, on croit que toute science est expérimentale et que sans expérience on ne fait pas du tout de science.

Donc, une tendance antithéorique toujours plus marquée !

En revanche, je continue à croire que c'est uniquement par le biais du perfectionnement des « entités théoriques », comme disent les positivistes, qu'une discipline quelconque peut espérer faire des progrès vraiment significatifs. Ce qui est mauvais c'est qu'on peut toujours faire des expériences sur n'importe quoi et avec n'importe quel instrument !

Il suffit d'avoir un instrument, de le faire fonctionner dans telle ou telle condition, sur tel ou tel milieu... et on est sûr d'obtenir des « données » que l'on peut présenter ensuite comme « production scientifique ». L'« inflation expérimentale » n'est pas moins pernicieuse que l'inflation économique : on a des instruments, on les utilise massivement et on en tire une masse infinie de données desquelles, à la fin, on ne sait rien tirer. Les données emplissent des bibliothèques entières, dorment ensuite dans des archives poussiéreuses et personne ne s'en occupe plus.

Quels sont les remèdes contre ce type d'« inflation » ?

Un effort théorique extrêmement sérieux me paraît être la seule issue ; cet effort devrait en quelque sorte viser à canaliser cette prolifération de l'expérimentation. Ce que je dis ne manquera pas de déplaire à la caste des savants expérimentaux qui fondent leur carrière sur cette expérimentation routinière... Je pense qu'un jour ou l'autre la société se rendra compte de cette situation et essayera de la freiner : ce sera alors un réveil amer pour les savants eux-mêmes ! Ils devraient, dès maintenant, se soucier d'orienter les recherches expérimentales de manière que leur utilité et leur intérêt apparaissent *a priori suffisants*. Quand la société présentera la note aux chercheurs, alors on éprouvera à nouveau l'exigence d'une armature théorique qui permettra d'évaluer pleinement la signification de l'entreprise expérimentale. Voilà comment je vois les choses en matière de science, d'orientations globales de la recherche !

Mais où chercher les racines de cet expérimentalisme poussé à l'excès ?

Dans ce cas aussi il convient de partir de l'*hypotheses non fingo* de Newton et de toute cette attitude selon laquelle la recherche vise des recettes efficaces, tend à trouver le truc qui marche. Par exemple, c'est ce qu'on fait, en principe, en pharmacologie : on repère des médicaments qui agissent dans telle ou telle situation déterminée et on essaye ensuite de les utiliser dans des situations analogues. Bien entendu, ce procédé est parfaitement justifié du point de vue pratique et de ce point de vue il n'y a aucune raison de s'opposer à l'expérimentation : mais réduire la science à une série de recettes efficaces signifie ne pas voir l'importance véritable de l'entreprise scientifique. Cette dernière consiste en fait à augmenter notre compréhension du monde, à rendre les choses intelligibles. Si le fait de disposer de recettes efficaces n'accroît pas cette intelligibilité, on passe à côté.

Il y a donc une situation conflictuelle entre besoins et compréhension du monde, entre applications et théories, entre raisons pratiques et motivations théoriques ?

Parmi ces deux buts fondamentaux de la science — comprendre le monde et agir sur lui —, je pense qu'il vaut mieux subordonner le second au premier, plutôt que le premier au second. Beaucoup pensent que ces deux finalités sont conciliables et même qu'elles vont de pair : pour vérifier que l'on a bien compris il faut avoir des vérifications pragmatiques et, par ailleurs, on ne peut agir efficacement que dans une situation que l'on comprend parfaitement.

Je ne crois pas à ce type d'« harmonie préétablie » : en réalité, il y a beaucoup de situations pour lesquelles comprendre et agir sont assez fondamentalement dissociés. Je viens de citer l'exemple des médicaments : dans de nombreux cas, un médicament s'avère efficace sans que l'on comprenne pourquoi.

Donc, à l'inverse de ce qu'estiment certaines philosophies de la science ou certaines « conceptions du monde et de l'histoire », une certaine autonomie de la recherche théorique est à souhaiter !

Selon moi, on doit à nouveau mettre l'accent sur les exigences de compréhension du phénomène, *sans imposer l'entrave de l'action efficace.* Et pour comprendre les phénomènes, il faut substituer aux procédures expérimentales aveugles — typiques d'une grande partie de la science actuelle — un procédé qui nécessite un peu plus d'intelligence et de réflexion. D'après moi, là, les mathématiques peuvent avoir un rôle important !

Le fait d'avoir affronté ces problèmes inextricables tels que science pure/applications et théorie/expérience nous a fait tout naturellement dévier sur le terrain de la philosophie. La philosophie n'aspire-t-elle pas à une explication globale du monde ? Ne prétend-elle pas également nous fournir des normes de vie, être une sorte de Guide des égarés, *à la manière de Maimonide ? Alors, comment se concilient les aspirations de la philosophie avec celles de la science ?*

Vous connaissez certainement ces fameux mots de Heidegger : « *Die Wissenschaft denkt nicht* », « La science ne pense pas », auxquels il ajouta, à juste titre : « et d'ailleurs tel n'est pas son but ». Il est certain qu'il s'est produit un divorce entre science et philosophie au cours du dernier siècle, dû essentiellement au fait que la science aboutissait à des procédés efficaces, chose à laquelle la philosophie n'est jamais parvenue, si on exclut quelques cas de sagesse pratique. Par ailleurs, les méthodes utilisées par la science s'avèrent désormais d'une compréhension difficile auprès des philosophes : il suffit de penser aux méthodes théoriques de la physique fondamentale qui, comme nous l'avons vu, font appel à des mathématiques très sophistiquées ; en outre, l'énorme masse des données de laboratoire ne peut plus être contrôlée par le « laïc ». Pour toutes ces raisons, les philosophes ont laissé aux savants l'étude de la nature qui fascinait tant les présocratiques et se sont confinés dans le domaine de l'introspection.

... Et naturellement, la science « officielle » a taxé ce domaine de « divagations extra-scientifiques »...

Il y aurait beaucoup à dire à ce sujet : je pense que les méthodes de l'introspection ne sont pas dénuées de valeur, mais elles ne sont certainement pas suffisantes. Leurs limites sont très étroites. D'énormes difficultés nous bloquent dans la compréhension de notre structure : le psychisme humain n'est pas en mesure de s'autosimuler sans se modifier, s'aliéner ou s'altérer. Il existe des barrières naturelles qui nous empêchent de voir les éléments constitutifs essentiels de notre moi. Seule l'analyse de la nature nous permet d'aller au-delà de ces barrières : elle seule peut nous faire prendre conscience de mécanismes trop implicites dans notre activité mentale. Selon moi, l'importance de la connaissance scientifique consiste justement dans le fait qu'elle permet de contourner certains obstacles intérieurs à la vision fournie par l'introspection. La science est donc également une sorte d'« herméneutique ».

Mais pourquoi cet aspect n'a-t-il pas été suffisamment conceptualisé ?

Face à la prétention du savoir scientifique de représenter une connaissance certaine et indubitable, la philosophie traditionnelle a dû renoncer à ses objectifs dans la mesure où elle ne pouvait proposer, tout au plus, que des assertions incertaines et conjoncturales. De plus, les difficultés liées à l'utilisation de la déduction mathématique en physique, ainsi que le caractère incontrôlable pour des non-experts des données fournies par les expérimentaux ont littéralement expulsé les philosophes hors de l'entreprise scientifique.

Mais n'était-ce pas alors le devoir des savants eux-mêmes d'élaborer une nouvelle « philosophie de la nature » ? Ne pouvaient-ils pas dévoiler les fondements « tacites », les postulats « cachés » qui guidaient leur pratique scientifique ?

A part quelques rares exceptions (Poincaré, Schrödinger, etc.), cela n'a pas eu lieu. Le fait que la recherche s'articule en spécialisations nettement séparées (et parfois même en compétition entre elles pour obtenir le financement public), la constitution d'une « caste » proprement dite de chercheurs scientifiques où trop souvent les intérêts corporatifs dominent les ambitions intellectuelles, tout cela a fait obstacle, dès sa naissance, à toute tentative de pensée généralisante. Soucieux de diffuser et d'exalter auprès de l'opinion publique le mythe de la science (surtout expérimentale !), source exclusive de connaissances, les savants, dans leur grande majorité, se sont contentés d'une philosophie sommaire, parfois de type néo-positiviste ou popperien, selon laquelle seules les assertions vérifiables ou falsifiables sont « scientifiques »... Par ailleurs, la *Naturphilosophie* était déjà morte : elle n'avait pas survécu à Schelling ou, si l'on veut, à la *théorie des couleurs* de Goethe[71], qui avait commis l'erreur de transposer en physique une théorie qui présentait une certaine validité dans la psychologie de la vision, transférant au macrocosme une structure propre au microcosme. Les grands succès pragmatiques de la physique et de la biologie du siècle dernier ont pour finir donné le coup de grâce à toute tentative sérieuse de philosophie naturelle.

Il existe un jugement très dur de Helmholtz sur Hegel : ce dernier serait responsable du divorce entre science et philosophie[72] *!*

Le divorce entre science et philosophie a été également causé, sans aucun doute, par les ambitions déraisonnables de certains philosophes qui, comme Hegel, prétendaient donner avec leur système une explication universelle de tout le cours de l'histoire ; les savants, de leur côté, ont adopté l'attitude opposée qui a consisté à soutenir que l'effort philosophique est dénué de tout intérêt : il suffit d'examiner les faits, pour en tirer tout ce dont nous avons besoin !

Mais se limiter aux « faits » ne peut qu'amener à l'accumulation d'une connaissance dépourvue de toute organisation interne, une connaissance chaotique et anarchique. En revanche, si l'on veut véritablement organiser les données de l'expérience, il faut nécessairement procéder d'une manière plus théorique, il convient de disposer de cadres *a priori*.

Une grande partie de l'épistémologie, aujourd'hui, insiste sur le fait que l'expérience est *theory-laden*, imprégnée de théorie[73]. Désormais, il s'agit là d'une banalité : en la poussant un peu, on peut également soutenir que les faits n'existent pas, si ce n'est en fonction de la théorie ! D'après moi, il ne faut pas aller trop loin dans cette direction et affirmer que les faits sont carrément créés par la théorie, mais cela ne veut pas dire qu'il existe des faits en soi, des « faits à l'état brut ». Les faits doivent plutôt être vus en relation avec une certaine problématique, ce sont des *réponses* à un certain type de *questions*.

En conclusion, je localise l'effort théorique de la science dans sa capacité d'organiser les données de l'expérience selon des schémas imposés par des structures théoriques. D'après moi, comme je l'ai déjà dit, c'est aux mathématiques de fournir ces derniers. C'est à partir de là que l'on peut déjà exposer à grands traits quel est également le rôle de la théorie des catastrophes au sens strict du terme.

Chapitre II

LA THÉORIE DES CATASTROPHES

Venons-en donc à la théorie des catastrophes.

Avant tout, il convient d'avoir bien clairement à l'esprit que la théorie des catastrophes n'est pas une *théorie* scientifique au sens usuel du terme. Il ne s'agit pas d'une théorie scientifique telle que, par exemple, la théorie de la gravitation de Newton, la théorie de l'électromagnétisme de Maxwell ou encore la théorie de l'évolution de Darwin. A des théories de ce genre, on est en droit de demander qu'elles soient, en un certain sens, confirmées par l'expérience, à savoir, que l'on puisse fournir des arguments expérimentaux en leur faveur.

La théorie des catastrophes n'a absolument pas à satisfaire à ce genre de requête. Le terme « théorie » doit être entendu dans un sens très particulier : je dirais plutôt qu'il s'agit d'une méthodologie, voire d'une sorte de langage permettant d'organiser les données de l'expérience dans les conditions les plus diverses.

Mais alors, c'est un peu comme le calcul des fluxions et des fluentes pour Newton ou le calcul différentiel et intégral pour Leibniz ?

Je dirais que c'est là une bonne analogie. Le calcul différentiel a été créé essentiellement pour décrire l'évolution des états d'un système, en particulier, l'évolution du mouvement d'un corps. Il restait toujours une certaine *unité du système* : dans le cas du mouvement, par exemple, celle-ci était représentée par le corps matériel qui restait toujours égal à lui-même. De façon analogue, quand on décrit l'évolution d'un système mécanique avec une loi différentielle, on peut dire qu'il y a un espace des phases qui décrit la totalité des états possibles du système, espace duquel on ne sort pas[1]. Dans la théorie des catastrophes, la situation est un peu plus paradoxale : on s'efforce de décrire les *discontinuités* qui peuvent se présenter dans l'évolution du système. Intuitivement, on admet que l'évolution globale d'un système se présente comme une succession d'évolutions continues, séparées par des sauts brusques de nature qualitativement différente. Pour chaque type d'évolution continue, subsiste, en principe, une modélisation de type différentiel classique : mais les sauts font en sorte que l'on passe d'un système différentiel à un autre. La donnée de la théorie des catastrophes apparaît alors comme une sorte de « paquet » de systèmes différentiels qui sont en nombre fini dans la meilleure des hypothèses. Donc, le point représentatif « saute » d'une évolution continue décrite par un système d'équations différentielles à une autre évolution continue décrite par un autre système et, dans certains cas, on ne peut même pas exclure qu'un nombre fini de systèmes ne soit pas suffisant pour décrire la situation tout entière. Voilà, brièvement, le schéma global de la théorie.

Comment se présente alors la tentative « herméneutique » de la théorie des catastrophes ?

Pour s'en faire une idée, je pense qu'il est utile de se reporter à un modèle classique, celui de la « boîte noire ».

Une boîte noire est tout simplement un système qui ne communique avec le monde extérieur que par l'intermédiaire des entrées *(inputs)* et des sorties *(outputs)*. A tout instant, si l'on fixe l'entrée, le système émet des sorties.

On peut supposer que l'espace des entrées est un espace euclidien[2] R^r de dimension r et que l'espace des sorties est un espace euclidien R^n de dimension n. Alors dans l'espace produit $R^r \times R^n$, la correspondance entrée-sortie sera représentée par un point, et une série d'expérimentations faites sur le système amène à la donnée d'un nuage de points dans cet espace (fig. 2). Un problème de fond de la théorie des systèmes et de celle des automates, en général, est le suivant : connaissant les nuages de points que l'on peut engendrer de cette manière, comment restituer le mécanisme intérieur — ou le système de mécanismes intérieurs — à la boîte noire ?

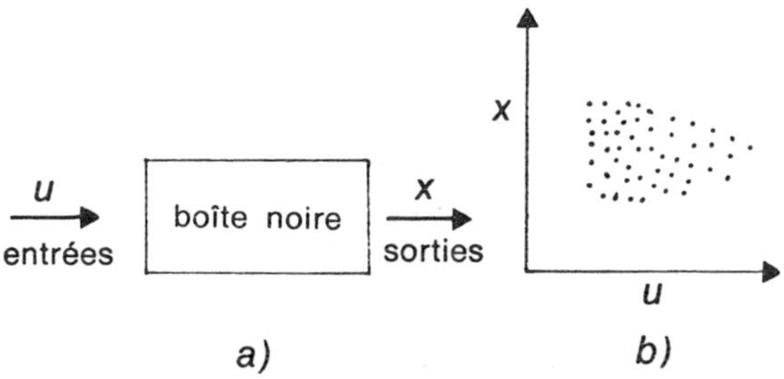

Fig. 2. — a) Le schéma de la boîte noire.
b) Le nuage de points.

De ce point de vue, on rencontre souvent une situation de ce type : quelles que soient les données initiales, et l'histoire des entrées successives introduites antérieurement dans la boîte noire, le nuage de points tend vers une situation asymptotique, indépendante de la stratégie suivie dans le choix des entrées.

Il s'agit, évidemment, d'une situation un peu particulière qui peut être fausse dans certains cas. Je pense que, pour une classe très vaste de systèmes, il devrait y avoir un théorème qui établisse que, pour la plupart des choix de l'histoire des entrées, le nuage de points tend vers une distribution unique et bien définie de probabilité. Mais la démonstration d'un tel phénomène nécessite des considérations qui, au moins pour le moment, ne sont pas à notre portée. Il y a toujours des histoires exceptionnelles par rapport auxquelles les sorties sont également exceptionnelles et par rapport auxquelles, donc, le nuage de points a une forme très spéciale, très différente de sa forme habituelle. Le choix de ces histoires exceptionnelles, par ailleurs, est très important dans la mesure où, si elles peuvent être mises en évidence, on peut en tirer des informations intéressantes sur la structure interne du système. Cependant, ce qui arrive en général c'est que, par manque de données *a priori* sur les mécanismes internes de la boîte fermée, on retombe dans le cas où l'on tend vers un nuage de points qui a une structure asymptotique relativement bien définie. A ce moment-là, le problème consiste à interpréter les mécanismes internes qui engendrent cette structure asymptotique et c'est ici que, à l'évidence, la méthode de la théorie des catastrophes entre en jeu. Cette méthode consiste à supposer, en une première approximation, que l'on puisse considérer d'abord des cas très particuliers.

Voyons tout de suite quelques exemples. Jusqu'ici, en fait, c'est la notion très générale d'application[3] *qui modélise l'idée intuitive d'une correspondance entre les entrées (considérées comme éléments d'un sous-ensemble ouvert U de R^r) et les sorties (considérées comme éléments d'un sous-ensemble ouvert X de R^n)...*

Une première simplification peut consister dans le fait de ne considérer que les applications où à une entrée point de u correspond uniquement un nombre fini de sorties, c'est-à-dire d'éléments de X.

Considérons le graphe qui est associé à l'application : il est constitué pour chaque u de U par les couples (u, x) tels que x est élément d'un ensemble fini I_u de points de X où chaque I_u correspond à *u*. Ce graphe C représente, en un certain sens, la « caractéristique » du système.

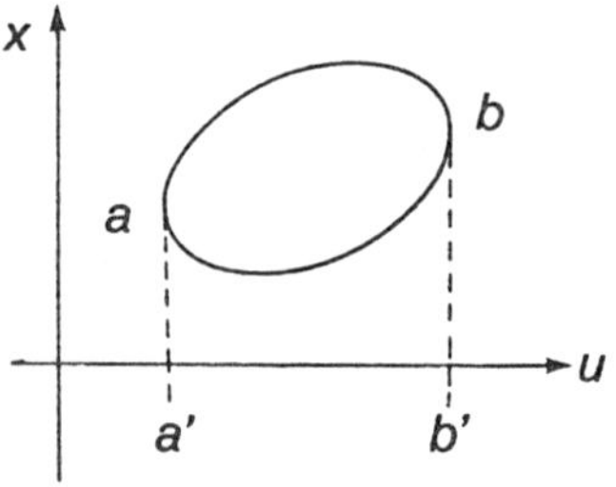

Fig. 3. — La caractéristique du système est une courbe fermée, lisse, convexe.

Pour fixer nos idées, supposons n = r = 1. Imaginons maintenant que C soit une courbe lisse, fermée, convexe (cf. fig. 3) qui admet deux points critiques (c'est-à-dire à tangente verticale) *a*, *b*. Sur l'espace de contrôle U soient *a'*, *b'*, les projections de *a* et *b*. Considérons tout d'abord les valeurs *u* comprises entre *a'* et *b'* : à celles-ci correspondent deux sorties possibles x (u) et x' (u). Supposons que le système se trouve en x (u) qui appartient à la portion supérieure de C. Si l'on fait croître *u*, *x (u)* varie de façon continue avec u (par application du théorème connu des fonctions implicites), au moins jusqu'à ce u < b' ; pour u = b', x (u) coïncide avec b.

Mais pour *u* > *b'* ? Si l'expérimentateur persiste et donne à *u* des valeurs plus grandes que *b'*, il n'y a d'autre issue que la destruction du système. Il s'agit là de la catastrophe au sens usuel du terme, comme, par exemple, l'explosion d'une chaudière si l'on pousse la pression de la vapeur au-delà du seuil maximal de résistance.

Mais souvent la « catastrophe » au sens de la théorie des catastrophes n'a pas cette connotation désastreuse...

Bien sûr. Prenons un exemple légèrement différent du précédent. Toujours pour n = r = 1, mais, cette fois-ci, la caractéristique C a l'allure d'une courbe en S majuscule (fig. 4). On a encore deux points critiques *a*, *b* et deux valeurs critiques *a'*, *b'* en U.

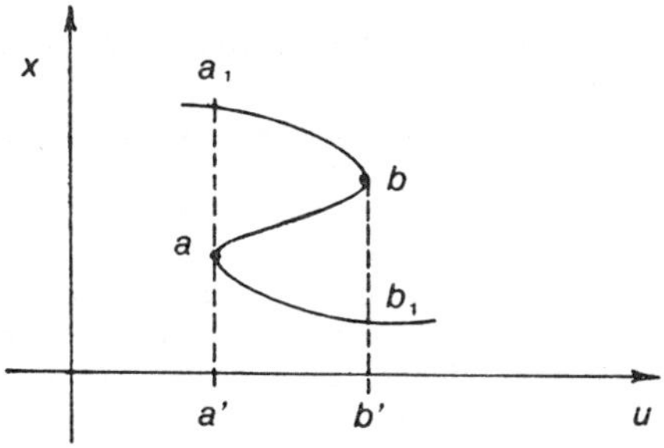

Fig. 4. — La caractéristique du système est une courbe en S (cycle d'hystérésis).

Supposons, tout comme précédemment, qu'à la valeur *u*, dans l'intervalle entre *a'* et *b'*, corresponde, sur la portion supérieure de C, l'état x (u). Faisons maintenant croître *u* jusqu'à atteindre la valeur *b'* : *x (u)* décrit par continuité la branche supérieure de C et finit par arriver au point *b*. Si *u* est poussé au-delà de la valeur *b'*, le système échappe à la destruction dans la mesure où il permet à l'état *x (u)* de « sauter » très rapidement sur la branche inférieure de C, en b_1. Si, enfin, on fait redescendre *u* vers *a'*, x_1 (u) se déplace par continuité sur la branche inférieure de C jusqu'au point critique *b*. Et là, si *u* continue à décroître, l'état *x (u)* « saute » à nouveau sur la branche supérieure de C en a_1 d'où il pourra recommencer le cycle précédent (c'est ce qu'en physique on appelle cycle d'hystérésis).

Or, ces « sauts » d'une branche à l'autre de la caractéristique C (pour $u = a'$ ou pour $u = b'$) représentent des catastrophes typiques, au sens selon lequel j'ai utilisé ce terme, mais contrairement à ce qu'on attend selon l'acception usuelle, elles ne comportent pas la destruction du système. De toute façon, comme je l'ai déjà dit, dans les deux cas, on avance une hypothèse « élémentaire » sur l'application considérée : à chaque entrée *u* correspond un ensemble I_u *fini* de sorties. Dans le cas où, une fois choisie l'entrée *u*, on a une unique sortie *x (u)*, c'est-à-dire que *x* est déterminé de façon univoque par *u*, nous retrouvons comme cas encore plus particulier, celui de la notion classique de *fonction*[4]. Nos applications peuvent être considérées comme un « paquet » de fonctions...

On retrouve ainsi une des notions mathématiques des plus familières...

... Et aussi philosophiques. Le monde extérieur, ne l'oublions pas, se présente à nos yeux comme un mélange de déterminisme et d'indéterminisme. En toute circonstance, il convient de distinguer, comme le dit Epictète dans son *Manuel*[5], ce qui « dépend de nous » *(ta eph hemin)* et « ce qui ne dépend pas de nous » *(ta ouk eph hemin)*. Importante d'un point de vue éthique, cette distinction ne l'est pas moins pour la science. Eh bien, la pensée mathématique a, pour ainsi dire, poussé à l'extrême cette distinction : la variable est ce qui dépend de nous, l'argument de la fonction... Ce qui ne dépend pas de nous, c'est le déterminisme rigide qui, après avoir assigné une fois pour toutes une valeur donnée à la variable, détermine la valeur correspondante de la fonction...

C'est une idée qui a eu beaucoup de poids dans le développement de la tradition scientifique. Je crois qu'en fait, à l'origine de la révolution galiléenne, il y a simplement le fait que l'esprit scientifique a été en mesure de modéliser, justement à l'aide de la notion de fonction, un certain nombre de phénomènes qui, jusqu'alors, n'étaient pas modélisables d'une manière suffisamment fidèle. De ce point de vue, selon moi, deux facteurs ont agi conjointement : d'un côté, une série de nécessités pratiques, je pense principalement à l'artillerie amenant à l'étude de la trajectoire des boulets de canon, des projectiles et donc du mouvement des corps graves ; de l'autre, la notion de fonction qui commençait à poindre dans l'esprit des chercheurs, leur permettant ainsi de décrire avec exactitude et fidélité cette même trajectoire d'un corps lourd. Je pense donc que la formation de cette image de fonction — et il convient de dire image car *fonction* est ici plus une image qu'un concept — est à l'origine de la grande révolution scientifique galiléenne.

C'est grâce à la notion — même vague — de fonction que l'on devient capable de modéliser la chute des corps et la réfraction des rayons lumineux. Une fois les lois connues, on peut construire les instruments exploités par ces lois. Galilée a donc construit sa « lunette » et quelque temps après un premier microscope...

Ces instruments réalisés, on a bien sûr commencé à s'en servir. Galilée a observé les astres, Malpighi les tissus de l'être vivant... Ainsi naquit la science expérimentale. Mais l'importance attribuée à l'expérience n'a pas été la cause du progrès scientifique, elle en a été l'effet. Elle a été l'effet de la maturation dans l'esprit de la communauté scientifique de cette structure théorique qu'est la notion de fonction.

La notion de fonction est apparue assez tard sur la scène de la science, tout au moins sous une forme achevée. C'est une notion pratiquement inconnue des mathématiques anciennes et qui a fait une timide apparition uniquement avec l'algèbre arabe qui, traitant des équations linéaires, a introduit, dans une certaine mesure, la notion de fonction linéaire. Au XVIe siècle, lorsque les algébristes italiens ont commencé à étudier les polynômes et les équations algébriques du degré supérieur, on a effectivement ressenti qu'il fallait une théorie de ces fonctions particulières. Newton lui-même, en décrivant le mouvement des corps, ne connaissait pas la fonction, si ce n'est dans des cas particuliers où la variable était le temps. Elle n'apparaît qu'avec Leibniz, à qui l'on doit en fait les définitions générales des notions de variable, d'argument d'une fonction et également de paramètre[6].

Cela démontre clairement que l'on a tort de sous-estimer le rôle de l'imagination dans le développement des sciences. A l'inverse, j'estime que tous les progrès de la science, au moins les progrès décisifs, sont toujours liés à de meilleures possibilités de modélisation, à une plus grande capacité de simulation interne des phénomènes.

Donc, encore une fois, nous sommes en compagnie de Platon : les idées (les structures mathématiques) précèdent les choses...

Bien sûr, et dans ce sens on peut reprendre tout ce qui a déjà été dit plus haut pour la physique : en général, les structures mathématiques ont précédé leur utilisation en physique, et non l'inverse. De la même manière, je crois que même en biologie ce sont les structures mathématiques qui ordonneront les phénomènes les plus importants. Par exemple, les phénomènes de régulation exigent un grand nombre de paramètres et, par conséquent, toute description un peu affinée de ces phénomènes nécessitera l'utilisation d'espaces pluridimensionnels. Croire que l'on pourra donner une théorie de la régulation tout simplement en manipulant des diagrammes cybernétiques avec des sommets et des flèches est illusoire, selon moi. L'importance de la régulation consistera toujours dans le fait qu'il s'agit d'un phénomène à caractère fondamentalement continu ; il faudra donc associer des figures multidimensionnelles à ces situations. Dans ce cas, la théorie des catastrophes pourra être très utile justement parce qu'elle vise à interpréter les nuages de points recueillis expérimentalement, au moyen de constructions mathématiques qui seraient à la fois les plus simples et les plus robustes et, ainsi, qui satisferaient la propriété de stabilité structurelle tout en résistant à de petites perturbations dues au milieu ou aux erreurs expérimentales.

Toute la « philosophie » de la théorie des catastrophes, son schéma général, tient justement à ceci : *il s'agit d'une théorie herméneutique qui s'efforce, face à n'importe quelle donnée expérimentale, de construire l'objet mathématique le plus simple qui puisse l'engendrer.* De ce point de vue, il est clair que la théorie des catastrophes ne coïncide pas, comme on a tendance à le penser, avec la liste des sept catastrophes élémentaires ; ce faisant, on réduit en fait la théorie des catastrophes tout entière à ce que moi j'appelle la théorie des catastrophes élémentaires.

Compte tenu de l'importance de la théorie des catastrophes élémentaires dans le débat suscité par Stabilité structurelle et morphogénèse, *il serait opportun d'ébaucher les idées de fond de cette théorie.*

Pour donner une idée de ce qu'est la théorie des catastrophes élémentaires je me servirai avant tout d'une métaphore : supposons que les mécanismes internes de la boîte noire soient régis par une sorte de volonté interne qui se décrit comme un potentiel. Dans les cas les plus simples, on peut considérer une fonction F d'un sous-ensemble X de l'espace R^n contenant un voisinage de l'origine à l'ensemble R des réels : le potentiel F dépendra, encore, de *r* paramètres, c'est-à-dire de *r* « variables de contrôle », c'est-à-dire d'une entrée *u* qui appartient à un voisinage U de l'origine en R^r. Supposons alors qu'il y ait dans la boîte noire une espèce de « démon » dont le but est de maximiser son « gain », représenté par F, et donc de minimiser le potentiel de F. Si l'on fait des hypothèses de stabilité structurelle sur ce « gain », en un certain sens des hypothèses de *robustesse*, on est alors amené à classer les accidents qui se présentaient pour les nuages de points et à en donner une description algébrique. C'est donc là l'objet de *la théorie des catastrophes élémentaires*, qui mathématiquement équivaut à la théorie des singularités des fonctions lisses à valeur réelle[7].

Quelles sont donc les caractéristiques des modèles obtenus au moyen de la théorie des catastrophes élémentaires ?

Du point de vue mathématique, ces caractéristiques dépendent essentiellement du potentiel F. F est un germe de fonction : $R^n \times R^r \rightarrow R$, C^∞ à l'origine O, et qui constitue le déploiement d'un germe η de fonction de R^n en R, C^∞ à l'origine O. Ce qui signifie que F dépend des « variables d'état » $x_1, \dots x_n$ et des paramètres ou « variables de contrôle » $u_1, u_2, \dots u_r$, pour reprendre Zeeman, et avec en plus $F(x_1, \dots x_n ; 0, \dots 0) = \eta(x_1, \dots x_n)$. En bref, un déploiement n'est rien d'autre qu'une famille de fonctions réelles des n « variables d'état » x dépendant de r paramètres (« variables de contrôle » u_j).

Prenons un exemple.

Prenons, pour $n = 1$, la fonction (le germe) $\eta(x) = x^3$: un déploiement est, par exemple, $F(x,u) = x^3 + ux$ où $r = 1$.

Ou bien prenons $\eta(x) = x^4$: un déploiement est, par exemple, $F(x,u,v) = x^4 + ux^2 + vx$ où maintenant $r = 2$.

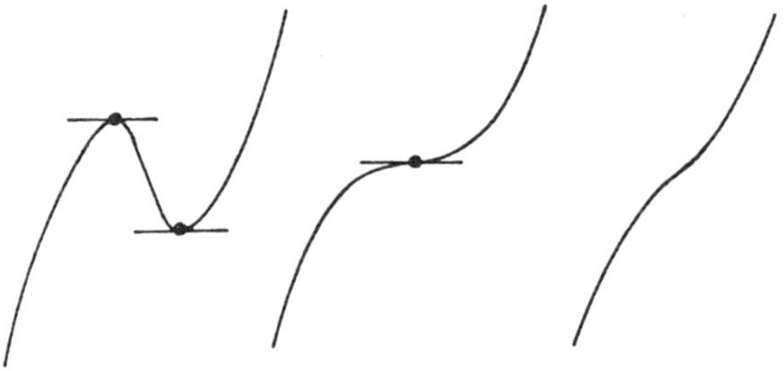

Fig. 5. — Perturbation de x^3 avec εx.
a) pour ε négatif on a un maximum et un minimum ;
b) pour ε nul on a, comme on sait, un point d'inflexion ;
c) pour ε positif on n'a plus ni maximum, ni minimum, ni points d'inflexion.

De toute façon, il s'agit donc de privilégier dans le modèle des déploiements « stables », à savoir, pour le dire intuitivement, qui résistent à de petites perturbations...

En fait, considérons à l'origine O, la fonction $\eta(x) = x^3$ et perturbons-la en ajoutant un terme εx. Si l'on prend ε positif, on ne trouve plus aucun point critique, si l'on prend ε négatif, on en a carrément deux, un maximum et un minimum relatifs (fig. 5).

De façon analogue, $\eta(x) = x^4$ perturbé avec εx^2 donne un minimum pour $\varepsilon > 0$ et un maximum (relatif) et deux minimums (relatifs) pour $\varepsilon < 0$ (fig. 6). Plus on monte avec l'exposant k, plus le comportement de x^k est compliqué : ainsi, si l'on perturbe x^5, on peut obtenir au moins quatre points critiques (fig. 7), etc. Donc, tous les déploiements ne sont pas stables : dans le cas, par exemple, de $n = 1$ nous n'obtiendrons pas grand-chose sous cet angle, en passant de x^4 au déploiement $x^4 + ux^2$, puisque ceci est encore instable, etc.

Mais, une fois formulée convenablement la notion de stabilité pour un déploiement, on parvient à repérer, pour des valeurs basses de la dimension r de l'« espace de contrôle », une liste finie, suffisamment maniable de potentiels standard auxquels sont « équivalents » (bien sûr en définissant l'équivalence d'une manière naturelle) tous les déploiements stables. Pour revenir à notre exemple, dans le cas de x^3 son déploiement universel (ou potentiel standard) est $x^3 + ux$, dans le cas de x^4 c'est $x^4 + ux^2 + vx$, dans le cas de x^5 c'est $x^5 + ux^3 + vx^2 + wx$, etc.

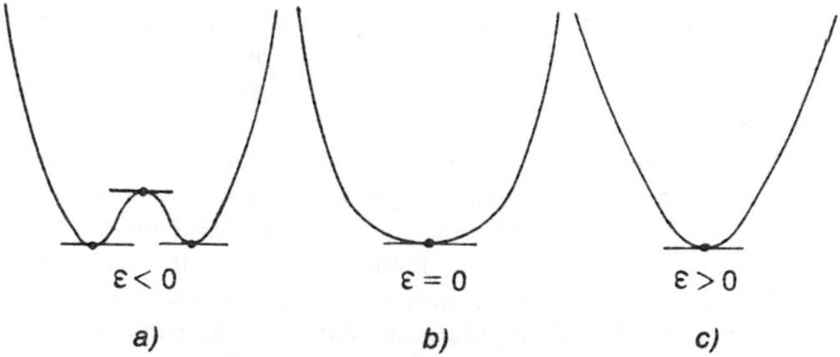

Fig. 6. — Perturbation de x^4 avec εx^2.
a) pour ε négatif, on a deux minimums et un maximum ;
b) pour ε nul, on retrouve un minimum ;
c) pour ε positif, on a un minimum.

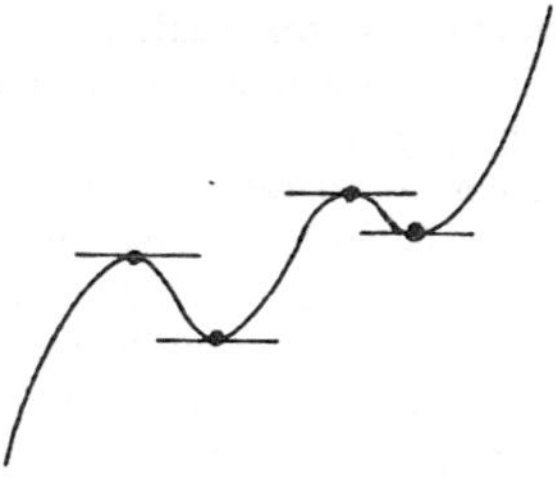

Fig. 7. — Perturbations de x^5.

Mais vous attribuez à la notion de déploiement universel une certaine importance philosophique...

Mais certainement ! Cette notion réhabilite et réactualise d'une certaine manière le couple aristotélicien puissance/acte. Toute situation instable est source d'indétermination : mais nous, nous voulons paramétriser toutes les « actualisations » possibles des virtualités contenues dans une situation instable, que nous représentons mathématiquement avec une singularité, si bien que chaque actualisation correspond à un « chemin » particulier qui sort de l'origine O dans l'espace R^r des paramètres de contrôle...

Prenons encore une fois un exemple...

Considérons pour $n = 1$, le potentiel $F(x,u,v) = x^4 + ux^2 + vx$ où $r = 2$. Si nous l'entendons comme fonction de la seule variable d'état x, pour trouver les points critiques, on pose $dF/dx = 0$, c'est-à-dire qu'on considère la dérivée première et on la rend égale à zéro : $4x^3 + 2ux + v = 0$, ou bien, ce qui est pareil, $x^3 + ax + b = 0$ où $a = u/2$ et $b = v/4$.

Nous retrouvons ici une équation algébrique qui nous est familière depuis la grande algèbre italienne du XVIe siècle. $x^3 + ax + b = 0$ est une équation du troisième degré : elle a au moins une racine réelle et au plus trois racines réelles. Le nombre des racines dépend justement des paramètres a et b qui apparaissent dans le discriminant de l'équation cubique $D = 4a^3 + 27b^2$. Comme on sait, pour $D < 0$, il y a trois racines réelles distinctes ; pour $D > 0$, il n'y a qu'une racine réelle (et deux complexes conjuguées) ; pour $D = 0$, il y a encore trois racines réelles, mais certaines coïncident ; pour $D = 0$ et $a \neq 0$ ou $b \neq 0$, deux racines réelles sont égales ; pour $D = 0$ et $a = b = 0$, les racines sont toutes les trois égales.

Géométriquement, la situation s'interprète dans le « plan de contrôle » (a, b) (fig. 8).

Etant donné la courbe (parabole semi-cubique) B d'équation $4a^3 + 27b^2 = 0$, on lui associe une partition du plan (a, b) en cinq parties : l'origine 0, les deux branches de la courbe B_1 et B_2, la région I « intérieure » à la courbe et la région E « extérieure » à la courbe. Si le point (a, b) est en E, il n'y a qu'une seule racine réelle C qui correspond à un minimum de F ; donc, dans notre boîte noire il n'y a qu'un seul régime possible. En I, il y a trois racines réelles c_1, c_2, c_3 et elles correspondent à deux minimums — disons c_1 et c_2 — et à un maximum c_3. Dans l'hypothèse avancée, le démon a devant lui deux régions qui correspondent aux minimums établis pour c_1 et c_2. Donc, à l'intérieur de la parabole semi-cubique B, *il y a deux régimes stables en conflit*. En B_1 et B_2, enfin (sauf dans l'origine 0), nous trouvons un minimum et un point d'inflexion et seulement un minimum $c_1 = c_2 = c_3$ à l'origine 0 (fig. 9).

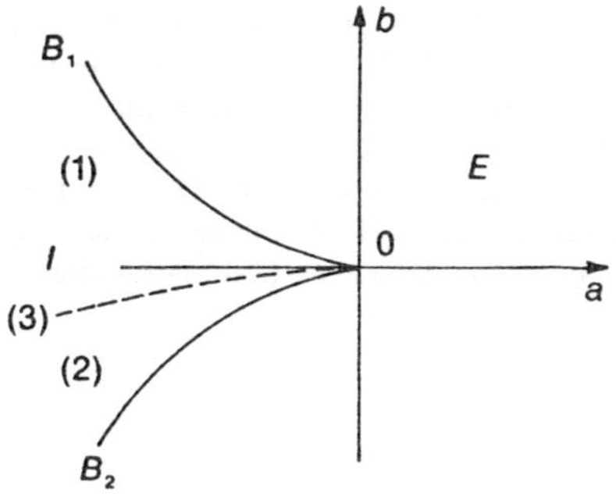

Fig. 8. — La parabole semi-cubique d'équation $4\,a^3 + 27\,b^2 = 0$ dans le plan de contrôle (a, b).
Dans la région I, la ligne en pointillé (3) sortant de l'origine 0 (a = b = 0) indique les points de catastrophe, c'est-à-dire le stade de conflit entre deux régimes (1) et (2) (si l'on adopte la convention de Maxwell).

Mais alors, dans la « boîte noire », comment le « démon » pour reprendre votre métaphore, choisit-il entre deux régimes stables ?

Dans l'optique de la théorie des catastrophes élémentaires, les minimums du potentiel F (« puits de potentiel »), c'est-à-dire les maximums du gain F du « démon », définissent les régimes locaux stables. Mais, comme nous l'avons vu dans le cas précédent pour la région I, il y a en général *plus* d'un minimum et, évidemment, il n'y en a qu'un qui puisse dominer en un point *régulier* !

Comment choisir ? Une solution consiste à adopter une convention, dite « convention de Maxwell », assez arbitraire mais qui a au moins le mérite de la simplicité.

Dans le cas précédent, par exemple, il y a en I deux valeurs de la variable d'état x, disons c_1 et c_2 pour le même point (a, b) du plan de contrôle. Ce conflit entre les « attracteurs » c_1 et c_2 est résolu en convenant que l'*attracteur* de potentiel minimal prévaudra, soit c_1, si $F(c_1) < F(c_2)$.

Du reste, cette convention est compatible avec notre vieille idée heuristique, selon laquelle le « démon » a pour but de maximiser son « gain » : — F. Une règle analogue a été employée par Maxwell pour éliminer l'indétermination en v (volume) de l'équation de Van der Waals : $F(p, v) = 0$ dans l'intervalle de p (pression) où l'on a trois racines réelles en v, ce qui décrit un mélange de phases gazeuse et liquide. Evidemment, la validité de la convention de Maxwell ne nous intéresse pas d'un point de vue quantitatif ; en revanche, elle nous intéresse, avec certaines limites toutefois, pour le type de description de la structure topologique des points de catastrophe K dans le voisinage d'une singularité du potentiel F auquel cette convention s'applique[8].

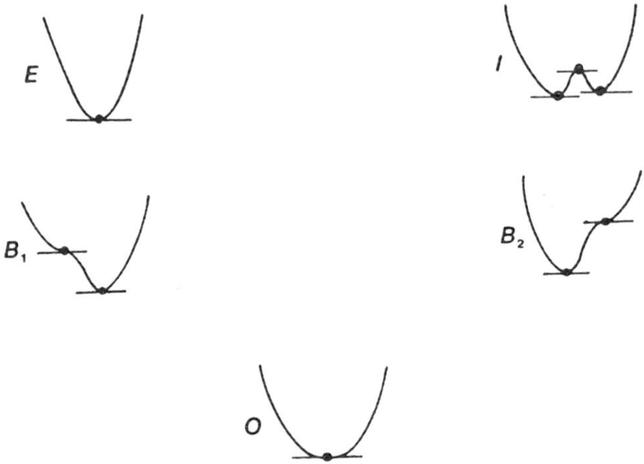

Fig. 9. — Les différentes formes du potentiel $F(x) = x^4 + u x^2 + v x$ selon les cinq régions en lesquelles le plan de contrôle (a, b) ($a = u/2$ et $b = v/4$) est partagé.

En fait, de la convention de Maxwell il découle qu'un point K de l'espace de contrôle R^r peut être catastrophique uniquement dans deux cas : ou bien on atteint le minimum absolu du potentiel $F(x_1,...x_n ; u_1,...u_r)$ en deux points distincts $c = (c_1,...c_n)$ et $c' = (c'_1, c'_2,...c'_n)$ avec $F(c_1,...c_n) =$

$F(c'_1,...c'_n)$ (point de *conflit*), ou bien le minimum absolu du potentiel, obtenu en un point unique $c = (c_1,...c_n)$ cesse d'être stable *(point de bifurcation).*

Appliquons maintenant la théorie de Maxwell à l'intérieur I de la parabole semi-cubique prise en exemple.

Il n'est pas possible de choisir un régime continu à l'intérieur de cette parabole. La strate de conflit, c'est-à-dire l'ensemble de la fonction F pour laquelle $F(c_1) = F(c_2)$, est donnée par un choix de paramètres a, b qui décrit dans le plan de contrôle (a, b) une courbe (dessinée en pointillés sur la figure 8) sortant de l'origine 0. A l'origine, c'est-à-dire pour a = b = 0, correspond un minimum du potentiel non stable : l'origine est donc un point de bifurcation dans le plan de contrôle (a, b). En somme, *la bifurcation engendre la catastrophe* !

Comme disait Héraclite : « Il faut savoir que le conflit est universel, que la justice est une lutte et que toutes choses s'engendrent selon la lutte et la nécessité. »

C'est exactement ça. Pour redire une de mes phrases préférées : une morphologie est engendrée par le conflit de deux (ou plus) attracteurs.

Revenons à Sussmann et Zahler (et d'autres critiques) : une grande partie de leurs objections porte sur la nature restrictive des conditions pour lesquelles le « théorème de Thom[9] » est valable. Mais, comme on l'a déjà dit, la théorie des catastrophes élémentaires ne traite pas à fond la théorie des catastrophes...

Mais non ! D'ailleurs, même en restant dans le contexte de la théorie des catastrophes élémentaires, il convient de dire que la modélisation s'est limitée jusqu'ici à l'utilisation de la fronce, tandis que les singularités d'ordre supérieur — telles que la « queue d'aronde », le « papillon » et les « ombilics » — n'ont pratiquement jamais été utilisées[10]. En ce qui me concerne, j'ai proposé pour les ombilics, des interprétations concernant le déferlement des vagues, par exemple. Mais ces interprétations n'ont pas été acceptées par les spécialistes parce qu'ils n'ont pas réussi à les justifier à partir d'équations connues comme celles de Navier-Stokes[11]. Le problème reste donc ouvert. Dans ce cas, je pense que très probablement la théorie ne peut amener à un modèle de catastrophes élémentaires *stricto sensu*, mais plutôt à un modèle « mixte » où l'on aura une dynamique dans la fibre et une dynamique dans la base. Le problème consiste précisément à réussir à exprimer une synthèse entre ces deux dynamiques. Mais cela n'est qu'un programme.

Les critiques de Sussmann et Zahler portent exactement sur la nature restrictive des conditions qui déterminent une « dynamique de gradient » pour lesquelles justement le théorème des sept catastrophes élémentaires est valable : ont-ils tort ?

Il ne faut pas croire que la théorie des catastrophes soit uniquement liée à l'utilisation de la théorie des singularités des fonctions : je pense, en revanche, qu'il faut utiliser toutes les ressources de la théorie de la bifurcation.

Etant donné un champ continu de dynamiques qui bifurquent en certains lieux de l'espace des entrées, de l'espace de contrôle pour reprendre Zeeman, le problème consiste à clarifier la nature des bifurcations *génériques*, des bifurcations *structurellement stables*. On a objecté que la théorie des bifurcations n'amène pas, en général, à un déploiement de dimension finie, contrairement à ce qui se passe pour les singularités de fonctions qui, ordinairement, conduisent à des déploiements de dimension finie. C'est une vraie difficulté ! Mais cette objection, valable mathématiquement parlant, ne l'est peut-être pas d'un point de vue phénoménologique, si l'on peut dire : elle montre seulement que la notion de stabilité structurelle est une notion trop fine pour la majeure partie des situations concrètes : deux systèmes différentiels peuvent être topologiquement très différents et conduire cependant à des aspects phénoménologiques très proches ! Le problème consiste alors à exprimer « thermodynamiquement » cette équivalence phénoménologique de deux systèmes différentiels. On pénètre ici dans un domaine malheureusement peu connu : *le problème de la structure vague des attracteurs*. On a un système différentiel dans une variété compacte : en général, presque toute trajectoire va vers un attracteur et le problème consiste à décrire ce qui, dans un attracteur, résiste à une petite perturbation des données. Habituellement, le type topologique de l'attracteur n'est pas stable — mis à part des cas très simples — mais il est possible, cependant, qu'il existe dans l'attracteur une certaine thermodynamique qui reste stable.

Il me semble vraisemblable, par exemple, qu'il puisse exister une mesure invariante sur l'attracteur que l'on étendrait éventuellement au bassin de l'attracteur. Une théorie de la bifurcation basée sur la considération de ces attracteurs structurellement stables quant à leurs propriétés thermodynamiques pourrait peut-être conduire à quelque chose d'assez semblable à la théorie des catastrophes élémentaires ; il faudrait alors tenir compte du caractère particulier de ces bifurcations. Reste le problème de savoir si ces bifurcations conduisent à des configurations vraiment différentes de celles de la théorie des catastrophes élémentaires ou si elles conduisent à des configurations du même type.

Pouvez-vous donner quelques exemples ?

L'exemple des transitions de phases est assez typique. On sait que la transition liquide-gaz est régie par le modèle des catastrophes élémentaires. Dans ce cas, le modèle des catastrophes élémentaires coïncide avec celui de Van der Waals[12] que les physiciens appellent : modèle du champ moyen de Landau. On sait que ce modèle ne marche pas du point de vue de la description locale des phénomènes critiques, mais si l'on considère les choses du point de vue de la configuration de ce qui se passe dans l'espace (p, v), le modèle fonctionne très bien. La situation est quelque peu paradoxale : une théorie reconnue, en principe, comme inexacte conduit cependant à une description qualitative correcte. C'est une situation que les physiciens ne sont pas en mesure d'expliquer à l'aide des modèles rigoureux de la mécanique statistique et de la renormalisation.

Le problème reste donc posé, et il est bien loin d'être complètement explicité. Cela démontre que, de toute façon, quand on soumettra à des moyennes des situations topologiquement trop complexes, on parviendra à des bifurcations dont le caractère sur l'espace de contrôle apparaîtra relativement simple. C'est justement de ce point de vue-là que je continue à croire que le schéma général de la théorie des catastrophes élémentaires conserve une validité qui va au-delà de celle de la théorie « étroite » des singularités des fonctions.

Mais cet aspect du schéma général, a-t-il été vraiment saisi par vos critiques ?

Non : ni par les critiques, ni par les partisans du point de vue catastrophiste. Sous cet angle, la théorie des catastrophes n'a pas encore été comprise. On s'est limité à l'utilisation systématique des formes canoniques des singularités des fonctions, un point c'est tout ! L'évolution plus récente de la théorie des catastrophes (élémentaires) a été marquée par une espèce de dégradation à caractère utilitaire qui a consisté à imposer un certain nombre de formes typiques sur les phénomènes pour en rendre compte. Bien entendu, je n'ai rien contre l'imposition de structures *a priori* aux phénomènes, je viens de l'admettre, mais je suis contre le fait que l'on réduise la théorie des catastrophes à l'utilisation grossière d'un certain nombre de « recettes ».

Quand vous parlez de dégénérescence de la théorie des catastrophes, vous faites référence à l'école de Zeeman ?

Je dirais plutôt que Zeeman a énormément apporté à la théorie des catastrophes : dans sa formulation de la théorie, il s'est servi de variables de contrôle qui n'apparaissent pas dans mon livre. Je n'ai, quant à moi, jamais considéré de façon systématique l'utilisation de la théorie des catastrophes dans une optique de théorie générale des systèmes. Je me suis toujours limité au cas où les variables de contrôle étaient les coordonnées spatio-temporelles : au fond, j'ai été victime d'un préjugé analogue à celui de Newton qui pensait que toutes les fonctions avaient le temps comme variable indépendante. De la même façon, je pensais que les catastrophes devaient avoir l'espace-temps comme variable de contrôle. Indubitablement, le point de vue de Zeeman concernant la théorie des systèmes est préférable et, sur ce point, je dois lui reconnaître le grand mérite d'avoir permis une extension considérable du champ conceptuel de la théorie.

En revanche, ce que j'objecte à Zeeman, c'est qu'il vise tout de suite au résultat, il prétend que la *théorie des catastrophes* (le terme est de lui !) est immédiatement en mesure de produire des modèles effectifs de nature à permettre des prévisions quantitatives et des actions efficaces. Comme le montre d'ailleurs la discussion que j'ai eue avec lui, incluse dans son livre, *Catastrophe theory*[13], je ne suis pas d'accord.

Pourquoi ?

Ce faisant, Zeeman a construit des modèles d'une précision illusoire, prêtant trop le flanc à la critique. Mais ne soyons pas trop sévères : à propos des modèles de Zeeman en éthologie et en sciences humaines, par exemple le modèle de l'agressivité du chien ou celui du conflit entre nations[14], sur lesquels s'est concentré le feu des critiques de Sussmann et Zahler, je serais bien plus mesuré qu'eux.

Mais si la précision est « illusoire » et la quantification « fausse », quelle est donc la valeur de modèles de ce genre ?

Je crois que ces modèles ont une valeur réelle dans la mesure où ce sont des véhicules de l'*imaginaire*, de l'imagination scientifique. Car, comme on l'a vu, l'imagination joue un rôle dans l'entreprise scientifique. C'est un lieu commun de soutenir qu'il ne faut pas avoir recours à cette dernière dans la théorisation : je suis de l'avis contraire.

Avancer une image est un bien et non un mal. De ce point de vue, par exemple, le modèle élaboré par Zeeman, à propos de l'agressivité du chien est un bon modèle (fig. 10). Il montre une situation paradigmatique, dont nous retrouvons l'analogue dans des situations extrêmement variées. Il est donc intéressant dans la mesure où il devient représentatif de toute une classe de situations analogues.

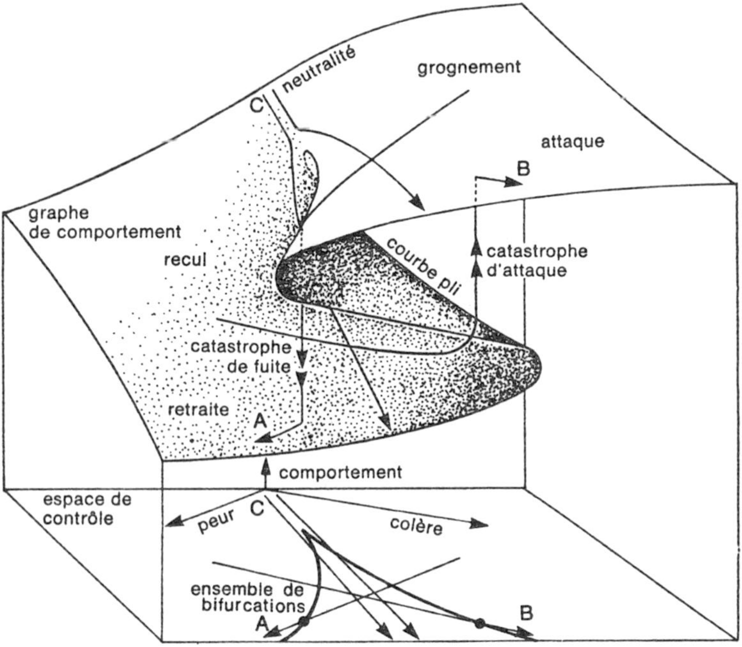

Fig. 10. — Le modèle de l'agressivité chez les chiens, imaginé par Zeeman. Selon lui, le comportement agressif des chiens est déterminé par deux facteurs conflictuels : colère et peur.

a) On représente ces facteurs sur un plan de contrôle, alors que le comportement de l'animal qui va de l'attaque au retrait est représenté sur un axe vertical. Pour chaque état de colère et de peur, il existe au moins une forme de comportement probable : on obtient ainsi une surface de comportement. Dans la majorité des cas, il n'existe qu'une seule modalité de comportement : mais dans certaines zones, il y a deux modèles possibles. Sur le plan de contrôle, la fronce indique le seuil où le comportement commence à devenir bimodal. Si un chien en colère est effrayé, son état suit la trajectoire A sur la surface de contrôle. Le parcours correspondant sur la surface de comportement se déplace vers la gauche sur le plan supérieur de la surface de comportement jusqu'à atteindre la courbe

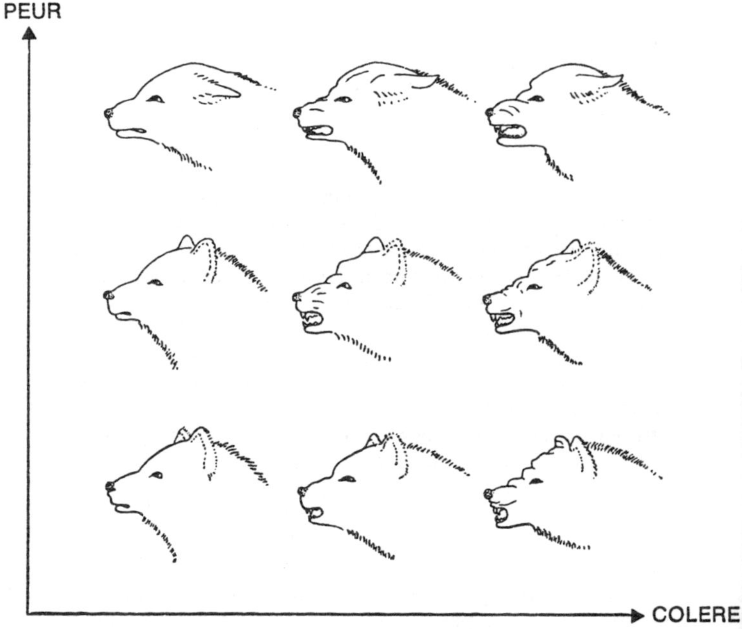

de pli ; ici, le plan supérieur disparaît et le point représentatif tombe tout à coup sur le plan inférieur.

C'est ici que le chien interrompt son attaque et bat en retraite. De la même manière, un chien effrayé qui se met en colère suit la trajectoire B. Le chien reste dans le plan inférieur jusqu'à ce que ce plan disparaisse et ensuite, dès qu'il saute au plan supérieur, le chien cesse de battre en retraite et attaque tout à coup. En somme, un chien qui est à la fois en colère et effrayé doit suivre une des deux trajectoires en C.

b) Le fait que le chien se déplace sur le plan supérieur et qu'il devienne plus agressif, ou qu'il se déplace sur le plan inférieur (de la surface de comportement) et devienne plus soumis, dépend d'une manière critique des « valeurs » de la colère et de la peur. Selon Zeeman, lequel reprend une idée de Lorenz, colère et peur peuvent être révélées par l'expression du museau de l'animal : la colère par le degré d'ouverture de la bouche, la peur par le degré d'aplatissement des oreilles vers la nuque. (C. Zeeman, *Catastrophe Theory, op. cit.*)

Zeeman paraît prétendre que ce modèle offre quelque chose de plus ?

Si l'on se place dans une optique skinnerienne, selon laquelle on prétend contrôler le modèle avec des expériences concrètes et quantitatives, on va à l'encontre de difficultés considérables. Comme chacun sait, dans ce modèle, un plan de contrôle est nécessaire où peur et rage sont reportées sur les deux axes coordonnés ; mais, pour un contrôle expérimental, il convient de faire aussi une interprétation quantitative de ces deux paramètres, de ces deux variables de contrôle, c'est-à-dire une interprétation indépendante du tempérament individuel du chien proprement dit. Cela représente une difficulté non négligeable pour l'expérimentation : pour mettre un chien dans un état de peur et de rage, il faut utiliser des protocoles expérimentaux bien définis qui ne peuvent être que discrets. Il faut, en outre, être en mesure d'ordonner ces protocoles discrets, et, d'une certaine façon, les caractériser qualitativement. N'est-ce pas là quelque chose qui dépasse la portée de la procédure expérimentale normale ? De plus, nous ne sommes même pas sûrs que tous les points du plan de contrôle puissent être atteints à l'aide d'une procédure expérimentale.

Il est en fait possible que certains points du plan de contrôle (u, v) ne puissent être atteints par des procédures de ce genre. Par exemple, l'état de peur est peut-être quelque chose de fondamentalement discret chez l'animal lui-même. Ainsi, si l'on fait un geste de menace à un chien, et si le geste est peu menaçant, la bête n'y prêtera pas attention et ce n'est qu'au moment où le chien interprétera la menace qu'il pourra se mettre dans un état de peur et de rage.

C'est donc une espèce de seuil qui fait en sorte que l'on ne puisse atteindre n'importe quel point du plan. Je retrouve ici, pour certains aspects, les arguments critiques de Sussmann et Zahler[15] selon lesquels disposer les états de peur et de rage en un plan (u, v) de contrôle amène à une quantification fausse.

Mais vous n'acceptez pas les conséquences extrêmes que Sussmann et Zahler ont tirées de ce point ?

Je crois qu'il est parfaitement légitime de représenter sur un plan les états de rage et de peur à condition de ne pas oublier que le procédé expérimental n'est peut-être pas en mesure d'atteindre tous les points du plan et donc, d'être bien conscients du fait qu'il y a des difficultés techniques très difficiles à surmonter. Mais le problème de fond est celui-ci : doit-on transformer ces difficultés techniques en difficultés de principe, comme l'ont fait Sussmann et Zahler qui nient en bloc toute validité à ce type de modèle ? Je pense qu'ils ont tort.

C'est un phénomène général, dans l'organisation du vivant, même si le paramètre considéré est continu, l'individu ne procède qu'au moyen d'opérations discrètes à l'intérieur de ce paramètre continu.

Par exemple ?

Prenons le fait de marcher : il s'agit d'un processus de type périodique, dont la cellule de base est le pas ; même si le paramètre de notre expérience, la longueur du parcours, est continu, un pas a normalement une longueur bien définie et, en particulier, on ne peut pas faire de pas infiniment petits !

Par ailleurs, il s'agit d'une situation tout à fait générale : même si les paramètres sont continus, du fait de leur organisation biologique, les êtres vivants sont contraints d'avancer par champs discrets ; des sortes de « chréodes » pour reprendre le terme de Waddington[16], qui amènent à une construction en quelque sorte discrète de ce champ continu, construction qui peut laisser des zones inaccessibles. Il est difficile d'échapper à ce type de difficulté et c'est la raison pour laquelle le modèle de l'agressivité du chien de Zeeman restera difficile à contrôler avec les méthodes expérimentales traditionnelles. Mais cela ne lui retire pas sa valeur de modèle comme paradigme de beaucoup de situations.

Nous sommes maintenant en mesure de mieux définir la nature herméneutique de la théorie des catastrophes...

Effectivement, l'intérêt essentiel de la théorie des catastrophes tient dans cette tentative herméneutique d'expliquer les nuages de points avec des entités mathématiques les plus simples possible...

L'on se trouve ici devant un domaine d'investigation énorme.

Le terme lui-même, « nuage de points », rappelle immédiatement des considérations statistiques...

Cependant, l'approche statistique traditionnelle, à mon avis, a complètement négligé ce point de vue. Mais, j'en suis convaincu, cela se révélera très utile dans le futur.

Même pour ce qui concerne les sciences humaines ?

Justement, la statistique est particulièrement importante dans ce domaine. Mais les espaces auxquels on a à faire sont très artificiels : les coordonnées y ont en général des significations très différentes.

Par exemple, les variables de contrôle ont souvent une nature ontologique radicalement différente : en conséquence, les espaces où s'étendent les nuages de points (toute statistique, comme on l'a dit, amène évidemment à un nuage de points !) n'ont pas de groupes d'équivalence qui agissent d'une manière transitive en chaque point comme le groupe euclidien dans l'espace ordinaire.

C'est donc là une différence importante entre les sciences humaines et les autres sciences.

Oui, dans les sciences humaines on se heurte à une notion de forme plutôt différente, justement pour cette raison. Cela rend la modélisation *via* la théorie des catastrophes extrêmement délicate dans ces disciplines. Je pense également que dans des statistiques tirées de situations naturelles, comme cela se produit souvent en géologie ou en paléontologie, etc., la situation est différente. Ici, les méthodes d'interprétation de la théorie des catastrophes peuvent se révéler immédiatement utiles.

Nous avons commencé par parler de la science en tant que description de formes et ensuite nous avons discuté sur la question de l'explication scientifique. Cet aspect réapparaît ici...

Oui. Imaginons que nous partons d'un nuage de points : pour l'expliquer, introduisons des coordonnées supplémentaires, *des paramètres cachés.*

Dans l'espace produit, on crée ainsi un grand système dynamique à caractère ergodique[17], qui, par projection dans l'espace des observables, engendrera le nuage de points donné. Il s'agit d'une technique générale, résumée dans la célèbre phrase du physicien français Perrin[18] : substituer au visible compliqué de l'invisible simple.

Au fond, c'est là, justement, une manière de procéder herméneutique par excellence. Dans le cas de Perrin, il s'agissait d'atomes et donc d'une explication de type réductionniste, mais je crois que sa formule peut être appliquée également dans un autre sens, à savoir dans celui de l'introduction des paramètres cachés, au moyen desquels on peut projeter, sur l'espace des observables, des entités simples de l'espace produit. C'est à l'évidence une façon de procéder très différente de la manière réductionniste classique : raison pour laquelle, justement, cette attitude est rejetée, mais à tort, par la pensée scientifique contemporaine.

Pourquoi ?

Je suis convaincu que l'approche réductionniste échoue dans un très grand nombre de situations, en particulier face au phénomène quasi universel d'une hiérarchie de niveaux d'organisation, dans un grand nombre de phénomènes morphologiques. L'explication de l'existence de niveaux morphologiques fera nécessairement appel à des entités mathématiques du type de celles préconisées par la théorie des catastrophes, à des choses telles que les bassins de potentiel, etc., qui n'apparaissent pas immédiatement dans l'approche réductionniste et qui ne peuvent être considérées, dans une optique réductionniste, que longtemps après avoir eu recours à des procédures extrêmement longues et complexes. Pour donner un exemple : nous savons bien que la théorie de l'état solide est très difficile à expliquer en termes d'interaction moléculaire.

Et pourtant, et vous-même le reconnaissez, l'attitude réductionniste paraît être très répandue aujourd'hui encore dans le milieu scientifique : comment a-t-elle fait pour survivre à ses échecs graves ?

Le problème est un peu de nature psychologique, de « psychologie de la recherche », comme dit Kuhn : on oublie les échecs et on ne tient compte que des succès...

Lakatos[19] est allé jusqu'à donner une justification d'une attitude de ce genre au niveau de la « logique de la découverte »...

De ces deux explications, quelle que soit celle que l'on accepte, il reste le fait que l'approche réductionniste a remporté aussi des succès, bien plus, un très grand nombre de succès. Pensons, par exemple, aux entités repérées telles que le proton ou l'électron. Ce sont des entités pour ainsi dire immuables avec un caractère permanent. Bien sûr, quand on parvient à mettre la main, si l'on peut dire, sur des entités de ce genre, l'entreprise scientifique y gagne beaucoup. Mais les ennuis commencent quand on passe à la théorie de l'organisation moléculaire. Déjà, la théorie des noyaux atomiques est extrêmement phénoménologique et il est très difficile d'en donner une formulation rigoureuse ; si ensuite, sur cette base, on élabore une théorie générale des molécules, de l'organisation moléculaire, on est amené à formuler des approximations qui réduisent considérablement les prétentions de l'approche réductionniste.

Mais la théorie des catastrophes et l'approche réductionniste n'ont-elles pas justement en commun l'idée de Perrin dont vous nous avez parlé plus haut ? Ne s'agit-il pas, au fond, de deux variantes du même « parcours » intellectuel ? de la même attitude philosophique ?

Nous pouvons dire également que substituer au visible compliqué un invisible simple est un objectif très naturel. Je crois cependant que théorie des catastrophes et réductionnisme sont des attitudes opposées : dans l'approche réductionniste, on conserve toujours le même espace : l'espace substrat où a lieu la phénoménologie que l'on veut expliquer au départ.

Par exemple, les atomes sont considérés comme de petits grains occupant un petit domaine de l'espace et munis de propriétés d'interaction ; lorsqu'on en aura un grand nombre, il sera possible de reconstituer la phénoménologie globale en utilisant ces interactions. Il s'agit donc essentiellement d'une approche combinatoire : on veut ramener le global à un « paquet » de situations locales, d'éléments immuables, en réduisant la dynamique à une combinatoire qui a lieu, en principe, dans le même espace que l'espace initial. Mais, en réalité, la situation est infiniment plus complexe : par exemple, même en mécanique quantique on est obligé d'avoir recours à un espace auxiliaire, un espace de Hilbert de dimension infinie, l'espace des fonctions d'onde. L'optique de la théorie des catastrophes est différente. Pensons au mythe platonicien de la caverne[20] : comme les prisonniers dans la caverne, nous ne voyons que les reflets des choses et pour passer du reflet à la chose proprement dite, il faut augmenter la dimension de l'espace et avoir une source lumineuse qui, dans le cas de Platon, est le feu, le feu qui éclaire. *La théorie des catastrophes suppose justement que les choses que nous voyons sont seulement des reflets et que pour arriver à l'être lui-même il faut multiplier l'espace substrat par un espace auxiliaire et définir dans cet espace produit l'être le plus simple qui donne par projection son origine à la morphologie observée.* C'est donc une méthodologie très différente de la réductionniste.

Mais la méthodologie réductionniste n'est-elle pas de toute façon plus efficace ?

Elle peut l'être, dans certains cas. En biologie par exemple, on a tenté de donner des modèles basés sur la décomposition d'un tissu en cellules, chacune étant munie d'une structure d'automate, et d'un programme interne. Dans certains cas très simples, je pense par exemple au modèle de Lindenmayer sur la croissance des algues, ces modèles ont bien fonctionné. Mais il est clair qu'en biologie ils se heurtent au phénomène massif de la régulation. Quand on a un embryon, on peut lui ajouter ou lui soustraire des cellules, au moins tant que la perturbation n'est pas très importante, alors l'embryon se constituera et sera également capable de vivre. On peut aussi le sectionner en deux, et dans la majeure partie des cas, si le plan de la section est bien choisi, on obtiendra deux animaux. A mon avis, les phénomènes de régulation réduisent beaucoup les possibilités de modèles discrets, basés sur une « comptabilité » des cellules et qui sont donc très sensibles aux variations sur le nombre des cellules. Pour rendre compte des phénomènes de régulation, on a besoin de théories continuistes : le malheur c'est que les biologistes n'en sont pas convaincus !

Pourquoi ?

Les méthodologies réductionnistes marchent tant que les éléments présentent une individualité bien définie, tant qu'ils présentent des caractères d'immuabilité bien marqués. Quand ils sont plus « flexibles » et qu'ils n'ont pas une individualité très nette, la décomposition du système en éléments ne se révèle plus efficace.

Pouvez-vous donner quelques exemples ?

La neurophysiologie en est un exemple patent. Sur l'anatomie du cerveau et sur la physiologie du neurone on a acquis d'énormes connaissances et pourtant cela n'a pas beaucoup servi pour comprendre le fonctionnement du cerveau. On ne parvient même pas à comprendre très bien l'origine, pour ainsi dire, des variations électriques de l'encéphalogramme : ce dernier apparaît comme une espèce de phénomène surimposé dont la signification est mal comprise. En ce sens, la situation est typique : il ne suffit pas de savoir comment est fait un système pour comprendre comment il fonctionne surtout quand les éléments ont une structure interne plutôt compliquée.

Un échec, donc ?

Dire que l'approche réductionniste a échoué me paraît excessif ; je crois que dans beaucoup de secteurs elle reste valable. Il peut être intéressant de décomposer un système dans ses divers éléments, à condition que ces derniers présentent des propriétés de stabilité et d'immuabilité bien définies ! Dans le cas contraire, il faut, à mon avis, avoir recours à une théorie continuiste.

Mais existe-t-il des modèles continuistes en biologie ?

Je pourrais citer les modèles que j'ai moi-même proposés en embryologie, mais ils ont remporté un succès très limité auprès des embryologistes... C'est une question de paradigmes, comme dirait Kuhn ! Les idées que j'ai avancées se sont heurtées aux paradigmes traditionnels et ainsi on a préféré ne pas en tenir compte. Par ailleurs, des idées telles que les miennes, fondées d'une certaine manière sur une analogie entre les processus de l'embryologie et ceux de la linguistique sont résolument scandaleuses pour le bon sens du savant positiviste traditionnel. Identifier la structure triploblastique de l'embryon avec la structure ternaire de la phrase transitive *sujet-verbe-objet* peut sembler n'être qu'une métaphore, difficile à accepter. C'est cependant ce que je propose justement quand j'identifie l'ectoderme avec l'objet, le mésoderme avec le verbe et l'endoderme avec le sujet, tout au moins pour les vertébrés, parce que pour les insectes la situation est un peu différente[21].

A ce sujet, vous avez soutenu que l'intérêt essentiel de la théorie des catastrophes, en tant que méthodologie, tient à la possibilité de donner une modélisation des processus linguistiques et sémantiques. Pensez-vous que sur ce plan la théorie des catastrophes ira loin ?

Selon moi, c'est justement dans cette direction que la théorie des catastrophes est la plus prometteuse : bien plus que dans l'utilisation qui en a été faite en mathématique ou en optique, au moins jusqu'à présent. La théorie des catastrophes offre une méthodologie qui permet, dans une certaine mesure, d'attaquer des problèmes à caractère philosophique avec des méthodes à caractère géométrique et scientifique faisant appel aux techniques de la topologie différentielle et de la géométrie différentielle.

Dans les années trente, Kurt Lewin s'était servi de techniques analogues pour la psychologie[22]*. Qu'en pensez-vous ?*

A la demande d'un psychologue américain, j'ai relu récemment certains travaux de Kurt Lewin et je pense que bien des tentatives faites par lui révèlent une intuition psychologique extrêmement valable.

Lewin a fondé une psychologie topologique dans laquelle il avait également introduit la notion de champ : le problème c'est qu'alors la topologie n'avait pas été encore créée ! Lewin a été cependant capable de trouver un certain nombre de situations typiques dont la validité psychologique ne fait aucun doute. C'est à lui que nous devons, par exemple, la notion de *gate-keeper*, c'est-à-dire d'une personne qui contrôle une circulation : il s'agit là, indubitablement, d'une notion qui est très importante dans notre société et qui a visiblement une origine topologique. Les personnes qui, en général, contrôlent un flux se placent effectivement en un point étroit d'un courant et sont capables, grâce à une petite action en ce point, de créer des modifications notoires du régime du courant. Une idée topologique sous-tend donc le pouvoir de certains éléments dans l'organisation sociale...[23].

Dans cette voie, nous pouvons alors essayer de préciser quels sont les problèmes philosophiques auxquels, selon vous, on peut appliquer avec succès, la théorie des catastrophes...

Oui. Personnellement, j'affirmerais que ce que Lewin avait à l'esprit était la notion que les psychanalystes appelleraient de pulsion ou de tendance. Kurt Lewin l'interprétait en termes de « pouvoir d'attraction », c'est-à-dire de potentiel attractif en un espace.

Voilà, une modélisation de ce genre peut, selon moi, fournir bien des intuitions dans certains cas...

Mais vos motivations sont cependant différentes des intentions premières de Lewin...

Sans doute. Personnellement, ce qui m'intéresse c'est essentiellement le problème de la grammaire universelle et de la sémantique. Il s'agit d'essayer de comprendre comment fonctionne le langage, en isolant avant tout les mécanismes communs à toutes les langues (ce qui est l'objet de ce qu'on appelle la *grammaire universelle*). Une fois isolée la grammaire universelle, on pourra essayer de passer de la structure profonde à la structure de surface en tentant d'isoler les mécanismes linguistiques spécifiques, présents dans les différentes langues et qui n'apparaissent pas explicitement dans la grammaire universelle.

Mais c'est là un aspect plus proprement linguistique...

Oui, c'est un aspect plus proprement linguistique ; tandis que pour ce qui concerne l'aspect philosophique, il faut noter que le problème d'une grammaire universelle doit être relié au problème de ce qu'on appelait autrefois les grandes *catégories* de l'esprit humain. Aristote, Kant... Nous savons bien qu'Aristote a été le premier à donner une table des catégories reprise par la suite et modifiée par Kant. Curieusement, ces tentatives pour caractériser les catégories fondamentales de l'esprit humain ont connu une pause. Au XIXe siècle, peut-être, seul Peirce a proposé une table des catégories ! En tout cas, il ne fait aucun doute qu'une grammaire universelle peut être construite uniquement en l'associant à une table des catégories de l'esprit.

Mais au fond, qu'est-ce qu'une table des catégories ? C'est une table des grandes questions qu'il est raisonnable de se poser !

Du reste, Aristote voyait les choses vraiment ainsi en dressant la liste des questions[24] : QUI ? QUOI ? QUAND ?

POURQUOI ? La légitimation de ce point de vue est évidente : pourquoi se pose-t-on des questions ? Pour acquérir une information dont nous avons besoin. Et pourquoi avons-nous besoin de cette information ? Parce qu'elle nous est nécessaire pour effectuer une certaine action régulatrice : une régulation qui nous est demandée pour la sauvegarde de nos intérêts. Tout mécanisme de régulation repose donc, dans une certaine mesure, sur l'assimilation d'une certaine information... Quand nous posons des questions, a-t-on dit, nous voulons obtenir une information qui nous manque et la nature des questions est liée d'une façon fondamentale à l'ensemble de paramètres dans lesquels se joue le processus de régulation. Si l'on regarde un tel processus essentiellement comme un processus de maintien d'une forme, à savoir un processus d'homéostase, on peut dire que ces formes sont « déployées » dans certains espaces de régulation.

Les questions que l'on peut formuler entrent précisément dans la classification topologique de ces grands espaces contenant les paramètres de régulation. Prenons un exemple simple : *où ?* et *quand ?* Ce sont des questions liées à la localisation spatio-temporelle.

Il s'agit évidemment d'un élément très important parce que notre corps, l'intégrité physique de notre organisme, passe à travers le maintien de ces limites spatio-temporelles. L'intégrité de la peau, par exemple, qui nous sépare du monde extérieur, distingue l'intérieur de l'extérieur... Il est donc tout à fait naturel qu'il y ait des catégories liées à la localisation spatio-temporelle. Pour ce qui concerne la question *qui ? quoi ?* les choses sont un peu différentes parce qu'on fait référence à la notion de sujet que les linguistes ont considérablement compliquée au cours de ces dernières années. *Qui ?* se réfère plus précisément au sujet et *quoi ?* à l'objet. Même dans ce cas, on a des catégories, ou plutôt des fonctions, qui présentent un caractère d'universalité lié, je pense, au fait que certaines régulations biologiques, comme par exemple la prédation, nécessitent la présence d'actants différents du sujet lui-même.

Mais alors, comment se présente le rapport entre prédation et linguistique ?

Dans le cas de la prédation, il y a *deux* actants : le prédateur et la proie.

Le prédateur est grammaticalement assimilé au sujet,

la proie à l'objet. A la base de toutes ces grandes catégories il y a, je crois, une espèce de décomposition des espaces substrats à l'intérieur de laquelle prend place la régulation des êtres vivants, de notre être, de notre psychisme. L'élucidation de ces grands paramètres, de ces grands espaces substrats de la régulation est sans doute une nécessité fondamentale, si l'on veut comprendre comment fonctionne notre esprit dans le langage, à travers le langage. C'est une tâche ambitieuse, mais d'un intérêt tel qu'on a le droit de courir le risque de se voir reprocher d'être ambitieux.

Donc, comme nous l'avons dit, il faut évaluer non seulement la vérité mais aussi l'intérêt de la connaissance...

Certes, oui. De nombreuses acquisitions de la science sont indubitablement vraies, mais leur intérêt est très faible, presque nul. Le vrai problème consiste à découvrir la source d'intérêt. Dans certains cas, il s'agit d'une source sociologique locale : un résultat est intéressant simplement parce que le bailleur de fonds de la recherche a soumis au savant un problème que ce dernier a tout intérêt à résoudre, si ce n'est que pour faire carrière...

Kuhn a donc raison : ainsi va la recherche normale...

C'est une source immédiate d'intérêt ; je pense cependant que l'on pourrait en trouver une autre, plus en rapport avec cette grande entreprise herméneutique à laquelle la science se consacre et qui consiste à déchiffrer le monde, à le rendre intelligible. Dans une telle optique, *l'intérêt d'une recherche réside dans sa capacité à révéler une structure sous-jacente qui rende les phénomènes intelligibles.*

Mais que veut dire : rendre une situation intelligible ?

Lorsqu'on a à faire à une phénoménologie, rendre une situation intelligible signifie avant tout isoler dans cette phénoménologie, dans la morphologie donnée dans l'espace substrat, des éléments identifiables, reconnaissables, stables. J'estime que le but de toute théorie scientifique est l'explication d'une morphologie empirique (ou expérimentale)... En faisant varier les conditions initiales d'un processus d'une certaine classe, on obtient dans un domaine spatial défini un *corps* de données empiriques, mis en archives sous forme de documents écrits, tables numériques, images photographiques, etc. Le domaine dans lequel se présentent ces formes est, justement, *l'espace substrat* de la morphologie. On appelle alors « explication » tout procédé dont le résultat consiste à *réduire l'arbitraire* de la description. Il suffit de considérer le point de départ de la *Gestalt-Theorie* pour se rendre compte que les discontinuités de la morphologie constituent justement les éléments les plus saillants et souvent également les plus stables. Il peut sembler paradoxal que les discontinuités soient stables, mais il s'agit d'un fait d'expérience : je n'en veux pour preuve, par exemple, que le contour d'un objet solide qui est visiblement quelque chose qui reste stable. De ce point de vue, on peut alors dire que le devoir premier de toute interprétation morphologique consiste dans la détermination des discontinuités d'une morphologie et des parties stables de ces discontinuités. Dans cette interprétation apparaît la notion de singularité dont, en fait, la discontinuité est un cas particulier.

Il s'agit évidemment d'une notion très importante dans la mesure où elle est l'un des deux instruments, agissant en sens inverse l'un par rapport à l'autre, dont dispose le mathématicien pour passer du local au global : un passage requis dans toute déduction. Le premier de ces instruments, allant du local au global, est le prolongement analytique sur lequel on peut dire que se fondent en dernière analyse toutes les méthodes existantes de prédiction quantitative[25]. Le deuxième, qui va du global au local, est justement celui des singularités : en fait, dans une singularité, il y a concentration en un point d'une forme globale que l'on peut reconstruire par déploiement ou désingularisation. Rendre une situation intelligible signifie alors, en bien des aspects, définir un ensemble de singularités qui engendrent de par leur combinatoire, leur disposition réciproque, une configuration globale stable, non seulement dans l'espace substrat, mais aussi dans un espace de paramètres cachés ajouté comme facteur. Encore une fois : substituer au visible compliqué de l'invisible simple.

Au contraire, ceux qui se soucient de l'action, ceux qui, comme Karl Marx, prétendent transformer le monde au lieu de l'interpréter, essayent d'agir dans l'espace substrat. Si l'espace substrat est l'espace ordinaire, toute possibilité de prédiction est toujours liée à une bonne localisation spatio-temporelle des phénomènes prédits : il est donc nécessaire d'avoir des algorithmes « capables de prédire », c'est-à-dire d'étendre une situation mesurée dans le passé à une situation prévue dans le futur. Donc, tout procédé prédictif est lié à la possibilité d'étendre, par extrapolation, une fonction du passé vers le futur.

Or, comme on le disait auparavant, il existe en mathématiques une seule procédure d'extrapolation canonique, le prolongement analytique. De fait, c'est par prolongement analytique que l'on procède lorsque l'on fait des prédictions. Par conséquent, on parvient au résultat que les possibilités d'actions effectives dans le futur, face à une situation déterminée, sont toujours liées à la possibilité d'avoir une modélisation analytique des phénomènes.

C'est donc là que réside la raison profonde du « miracle de la physique » ?

Oui. Ce qui caractérise la physique, c'est que ses entités dérivées sont toutes extraites de l'espace usuel par une procédure canonique de nature mathématique. Par exemple, en mécanique quantique, l'état de l'univers pour un observateur A peut être représenté par un vecteur X_A d'un espace vectoriel E. Les visions de deux observateurs distincts A, B diffèrent du fait d'un automorphisme linéaire h_{AB} (matrice) qui ne dépend, en principe, que de la position et du mouvement relatif de B par rapport à A. Toute la physique est ainsi contenue dans la *représentation* du groupe des équivalences (groupe de Galilée, groupe de Lorentz) dans l'espace E. Bien que ces groupes d'équivalence ne soient pas compacts, à partir du moment où l'on s'intéresse uniquement aux états « stationnaires » de l'univers (pour t et $|x|$ tendant vers l'infini), on peut en fait se ramener au cas où le groupe G d'équivalence est compact. Il est connu que dans ce cas (théorème de Peter-Weyl), la représentation h_{AB} est nécessairement analytique : chaque terme de la matrice h_{AB} est une fonction analytique des coordonnées de l'observateur B et cela suffit à expliquer d'où vient, dans ce cas, la possibilité de prédiction : on peut, en effet, par prolongement analytique, étendre une fonction à tout son domaine d'existence en partant de la connaissance de la fonction dans le voisinage d'un point : la possibilité de « prédire » est donc, dans le cas de la physique, intimement liée à la nature d'espace analytique de l'espace usuel (ou dans chaque cas des grands groupes d'équivalence qui y opèrent[26]).

Je pense cependant que ce « miracle » est très limité et qu'il n'est pas facile d'étendre les procédures d'extrapolation de la physique à des situations où il n'y a pas de support analytique naturel.

C'est donc une différence considérable de la physique par rapport à d'autres sciences empiriques ?

Oui, il y a là évidemment quelque chose qui limite de façon draconienne les possibilités d'appliquer, mettons, aux sciences humaines ou même à la biologie, des formalismes tirés de la mécanique et de la physique. Je pense que, dans une large mesure, il y aura toujours *deux types de sciences* : celles qui permettent de faire des prédictions effectives, voire, des prédictions quantitatives effectives et qui pour l'instant sont limitées, semble-t-il, à la mécanique et à la physique ; et des sciences où on ne peut prédire quantitativement, mais où on pourra procéder par classifications à caractère qualitatif ou topologique.

Ces classifications pourront évidemment utiliser, chaque fois, également des algorithmes mathématiques et non pas seulement des taxonomies à caractère conceptuel. Du reste, en science, le problème de l'intelligibilité est lié à celui de la localité. Il est par exemple difficile de considérer comme intelligible une action à distance. Comme je l'ai répété à plusieurs reprises, les objections que les critiques adressaient à Newton, en son temps, restent pour moi encore valables aujourd'hui. Au point que, de nos jours encore, on essaye de mettre en évidence des ondes gravitationnelles qui se propagent ! Il y a donc une relation étroite entre la problématique de la localité/non-localité des théories physiques et la question de leur intelligibilité : en ce sens que la majeure partie des lois, des grands succès de l'entreprise scientifique sont liés à la formalisation d'actions non locales.

La gravitation newtonienne en est un exemple. De même que l'interaction coulombienne entre deux charges électriques et l'interaction entre un courant et un aimant. Au début, il s'agissait d'actions non locales qui ont été formalisées mathématiquement. Newton a formalisé la gravitation et Coulomb, Ampère et d'autres encore ont formalisé les autres forces liées à l'électricité. Par la suite, les progrès théoriques ont amené à remplacer ces actions non locales par des actions locales.

C'est la relativité générale d'Einstein qui a rendu locale

la gravitation ; Maxwell a fait la même chose avec l'électromagnétisme.

Il est donc important de pouvoir substituer aux théories globales, les théories locales de ce point de vue, le formalisme de la théorie des catastrophes s'oriente fortement vers l'intelligibilité des phénomènes, dans la mesure où il s'agit fondamentalement d'un formalisme local : il n'y a pas de situations non locales dans le schématisme de la théorie des catastrophes.

Comment s'articule donc la dialectique local/global ?

En physique — je pense par exemple à l'électromagnétisme et dans une certaine mesure à la mécanique quantique —, on a des théories locales qui présentent également des effets globaux du fait de l'analyticité globale du schéma. Et vice versa, rendre locale une théorie globale, une théorie conçue initialement comme théorie de l'action à distance, est une opération qui, en soi, ne constitue pas un grand progrès du point de vue pratique. C'est un progrès théorique, mais, tout au moins en principe, ce n'est pas un progrès dans l'optique de l'action efficace.

A partir de cette analyse du couple local/global on retrouve donc une motivation profonde à la nécessité de distinguer attentivement théorisation et action efficace ou, pour employer un lexique philosophique encore plus familier, théorie et praxis.

Certainement.

La tension local/global se révèle donc fondamentale non seulement en mathématique mais pour l'entreprise scientifique dans son ensemble...

Il y aurait certainement encore beaucoup à dire sur la distinction entre local et global. C'est ainsi que je pense que l'un des phénomènes les plus profonds des mathématiques est donné par le théorème de Stokes, qui admet une expression tant locale que globale[27]. C'est grâce à ce passage du local au global qu'on peut effectivement, dans les formalismes physiques, jouer avec les différentes formes d'une théorie en en donnant une forme soit globale, soit locale. Mais il est certain que la forme locale est plus conforme à l'intelligibilité : comme on le voit d'après les applications du théorème de Stokes, pour passer de la forme locale à la forme globale il faut connaître des invariants globaux de l'espace, des invariants topologiques globaux : par exemple, le fait que le domaine de l'espace est contractible, ou qu'il est simplement connexe : dans ce cas, on peut vraiment donner une forme globale.

Cela constitue donc un aspect très intéressant pour le problème de la représentation des dynamiques qui est peut-être à lier, au moins dans une certaine mesure, à la stabilité structurelle. Il y a des théorèmes sur la stabilité structurelle des systèmes hamiltoniens qui vont dans ce sens, mais je ne m'étendrai pas sur ce point.

Nous pouvons à présent donner un tableau de la genèse et de l'histoire de la théorie des catastrophes, pour revenir ensuite à l'utilisation qu'en a faite Zeeman et aux polémiques qui s'ensuivirent.

J'ai écrit mon livre *Stabilité structurelle et morphogénèse* au cours des années 1966-1967. J'ai rencontré un certain nombre de difficultés pour le faire publier, étant donné le peu d'intérêt éprouvé par les éditeurs (Benjamin) pour un texte qui leur semblait difficile et aussi un peu bizarre.

Ce n'est qu'en 1971-1972 que l'éditeur qui avait repris le contrôle de la firme Benjamin s'est aperçu que mon livre n'avait pas encore été publié et il s'est alors donné beaucoup de mal pour le faire enfin paraître. Cependant, le livre avait déjà circulé sous forme de manuscrit parmi un certain nombre de chercheurs ; or, c'est justement à partir de ce manuscrit informel que Zeeman a été capable de développer la théorie des catastrophes dans la direction qu'il désirait, visant en particulier la modélisation d'un très grand nombre de situations, de la mécanique à la physique jusqu'à la biologie et aux sciences humaines. Ces modèles sont largement exposés dans son livre : *Catastrophe theory* (Addison Wesley). Dans l'ensemble, il en a résulté un très grand intérêt pour la théorie des catastrophes. Surtout après le Congrès de Vancouver[28], en 1974, la théorie des catastrophes a commencé à être à la mode également auprès des *mass media.* Le fait que, par la suite, les critiques se soient déchaînées est également un contrecoup, pour ainsi dire, de cette mode. Il y a eu également des critiques sérieuses, parmi lesquelles l'article de Sussmann et Zahler paru dans *Synthese* en 1978[29].

Comme on l'a déjà dit, ces critiques s'adressaient surtout aux modèles de Zeeman... les formulez-vous également ?

Les critiques de Sussmann et Zahler trouvent leur fondement dans l'optique traditionnelle de la modélisation quantitative. La majeure partie des modèles considérés par Zeeman n'est pas susceptible d'une formulation quantitative rigoureuse, surtout ceux relevant des sciences humaines ou celui — particulièrement typique — des mutineries qui éclatent dans les prisons[30]. Par ailleurs, l'attaque de Sussmann et Zahler me paraît, à son tour, beaucoup moins sérieuse parce qu'elle joue un peu trop sur l'ambiguïté local/global qu'il faut nécessairement prendre en considération dans ce type de modèles. Il est clair que les modèles extraits de l'application de la théorie des catastrophes élémentaires sont des modèles locaux ; cependant, pour en tirer des conclusions présentant une certaine validité, il faut toujours compléter ce caractère local par des hypothèses de globalité assez vraisemblables. Il me semble qu'une bonne partie des critiques de Sussmann et Zahler part du fait que ces propriétés, pour ainsi dire, *à l'infini* de la dynamique dans l'espace de contrôle ne sortent pas directement du modèle, mais sont en quelque sorte imposées *a priori* par le modélisateur. En d'autres termes, les modèles de Zeeman seraient des modèles locaux, mais pour en tirer des conclusions, il faudrait faire des hypothèses à l'infini, des hypothèses au bord, et le fait justement que ces hypothèses ne soient pas clairement explicitées dans les modèles de Zeeman devrait justifier les critiques de Sussmann et Zahler. Ils soutiennent, par exemple, faisant référence au modèle de l'agressivité du chien, qu'un chien en colère finit toujours par attaquer, alors que le modèle de Zeeman conduit à l'hypothèse que le chien se met continuellement en colère, sans jamais attaquer. L'argument ne me paraît pas trop fort, justement parce qu'il porte sur la dynamique à l'infini qui, dans un certain sens, est quelque chose qui sort du modèle. L'objection sur le modèle du krach boursier est également du même ordre[31]...

En dépit du fait que dans l'article paru dans Synthese, *Sussmann et Zahler déclarent « avoir comme objectif principal Zeeman », ils vous critiquent également quand ils disent que les modèles fournis par la théorie des catastrophes attribuent chaque morphogénèse à un conflit « à la lutte entre deux ou plus attracteurs » et ils attaquent votre thèse selon laquelle la théorie des catastrophes ne doit pas se soucier d'avoir une confirmation expérimentale. Enfin, l'accent mis sur le couple continu/discontinu est critiqué et l'on oppose à la théorie des catastrophes des modèles discrets, comme la théorie des graphes, celle des automates, etc.*[32]

Il y a ici plusieurs objections en une. Avant tout, il y en a une qui porte sur l'originalité de la théorie des catastrophes. Il s'agit d'une observation qui, mieux articulée, apparaît également dans la critique du livre de Zeeman faite par Smale, publiée dans le *Bulletin of American Mathematical Society*[33]. Smale observe que, après tout, les notions de discontinuité, d'onde de choc, de bifurcation, etc., sont des notions déjà connues et mises en pratique par l'école soviétique, en particulier par Andronov, un des fondateurs de la notion de stabilité structurale.

Je répondrai à cela qu'il est certainement vrai que la notion de bifurcation a été utilisée bien longtemps avant la théorie des catastrophes.

J'en veux pour preuve, entre autres, le fait que le terme « bifurcation » (*abzweigung*) remonte au moins à Jacobi[34].

Qui donc pourrait oser prétendre que la « théorie des catastrophes » a engendré « la théorie des bifurcations » ? En revanche, l'idée de l'utilisation systématique de la théorie de la bifurcation pour expliquer les discontinuités dans la nature est, elle, nouvelle. A mon sens, c'est cela, l'apport essentiel de la théorie des catastrophes en tant que méthodologie et, sincèrement, je ne vois pas bien qui pourrait affirmer avoir formulé cette idée aussi systématiquement que je l'ai fait dans *Stabilité structurelle et morphogénèse*. Bien entendu, nombreux sont ceux qui ont utilisé avant moi la notion de bifurcation, par exemple avec des seuils imposés *a priori* ; Sussmann et Zahler disent que la méthode des seuils serait au moins aussi bonne que celle des catastrophes... très bien ; je pense que tout dépend de la situation considérée. Si l'on veut comprendre d'où sort un seuil, on est obligé d'adopter une perspective ontogénique, une perspective diachronique qui explique la genèse du seuil. Mais si l'on veut expliquer la genèse d'un seuil, on est presque automatiquement amené à considérer une situation de type catastrophique.

Evidemment, on peut également ne pas tenir compte de la genèse du seuil et simplement se proposer de voir comment fonctionne un seuil déjà constitué : dans ce cas, il n'est alors pas nécessaire d'introduire un formalisme comme celui qui amène à la fronce pour expliquer la présence de ce seuil.

Les critiques de Sussmann et Zahler s'en prennent également au statut général de la théorie des catastrophes. A plusieurs reprises, vous avez affirmé que la théorie des catastrophes est issue des mathématiques, mais qu'elle n'est pas mathématique.

C'est Zeeman qui a forgé le terme « théorie des catastrophes », ce serait donc à lui de dire ce qu'elle est effectivement. Après tout, le problème de savoir ce que pourrait bien être cette théorie est une question de définition. En ce qui me concerne, la théorie des catastrophes n'est pas une théorie faisant partie *des* mathématiques. C'est une théorie mathématique, dans la mesure où elle utilise des instruments mathématiques pour l'interprétation d'un certain nombre de données expérimentales. C'est une théorie herméneutique ou, mieux encore, une méthodologie, plus qu'une théorie, visant à l'interprétation de données expérimentales et utilisant, dans un tel but, des instruments mathématiques dont la liste n'est du reste pas définie *a priori*. Je me garde bien de m'empêcher d'utiliser tel ou tel autre algorithme, si j'en éprouve le besoin. C'est là un point très délicat, très subtil à comprendre. J'en reviens ici à une des critiques de Sussmann et Zahler. D'après certains, comme toute bonne théorie physique, la théorie devrait être contrôlable par l'expérience, ou bien ce serait une théorie purement mathématique, une théorie *des* mathématiques où, à partir de certains axiomes, on démontre des théorèmes et tout s'arrête là. L'idée que la théorie des catastrophes puisse être une méthodologie s'appuyant sur les mathématiques et prenant les données expérimentales comme matériel lui étant propre est quelque chose qui, à première vue, semble échapper au point de vue traditionnel. En somme, il s'agit d'une méthodologie qui choisit, dans l'ensemble des algorithmes mathématiques, celui qui lui semble le plus adapté à la situation considérée.

Mais selon quel critère distinguons-nous, parmi les diffé-

rents algorithmes, quel est le meilleur en vue de l'interprétation d'une phénoménologie donnée ? Positivistes et poppériens répondraient ensemble (même si leurs motivations diffèrent) que le contrôle empirique permet de discerner les bonnes explications, c'est-à-dire celles qui, justement, réussissent à « survivre » au contrôle empirique. Qu'en est-il, selon vous ? On vous accuse de nier toute possibilité de contrôle.

A plusieurs reprises, j'ai dit que la théorie des catastrophes ne pouvait être ni confirmée ni infirmée par l'expérience. Le biologiste Lewis Wolpert me faisait remarquer, au cours d'un congrès : « En somme, votre théorie explique tout ; or, une théorie qui explique tout n'explique rien. » Sur le coup, j'en ai été presque scandalisé. Mais, en y réfléchissant, je trouve que la critique de Wolpert, inspirée par l'empirisme anglo-saxon le plus pur, est assez bien fondée... Les empiristes les plus rigides pourront toujours attribuer à la théorie des catastrophes le statut conféré par Evans Pritchard à la magie. Dans ses études[35] sur les pratiques magiques des Nuer du haut Nil et des Azande, cet anthropologue a démontré comment le système explicatif de la magie est un système qui ne peut jamais être mis en défaut ! Si un acte ou une procédure magique reste sans effet, l'opinion publique peut toujours s'expliquer un échec de ce genre par des raisons locales : l'efficacité de l'acte a été réduite ou complètement annulée à cause d'un vice de forme, de l'inexpérience ou de l'impureté de l'officiant, d'un contre-sortilège de la victime ou de l'ennemi, etc.

En somme, de façon analogue aux croyances Nuer, la théorie des catastrophes serait une sorte de magie, une magie sophistiquée de notre temps...

Certains en nourrissent le soupçon... Du reste, on sait bien que Popper a soutenu que la psychanalyse ne pouvant être « falsifiée » ne pouvait être tenue pour « scientifique ». Eh bien, il ne faut pas se cacher que la théorie des catastrophes prête elle aussi le flanc à une objection de ce genre...

Il faut donc l'exclure du domaine des théories scientifiques ?

Sur ce point, je serais plus réservé. Le problème de la démarcation entre « science » et « non-science » est encore un problème épistémologique très controversé... En outre, dans ce cas spécifique, il est faux de dire qu'il n'y a pas de forme de contrôle pour la théorie des catastrophes. Il existe un contrôle puisque l'on part toujours de données. Tout le problème est là : pour beaucoup, savants ou philosophes de la science, pour faire de la bonne science, il ne suffit pas de partir d'une donnée, mais il faut, en plus, faire des prédictions et la confrontation expérimentale dira par la suite si on a réussi. C'est la raison pour laquelle on insiste tellement sur le « pouvoir prédictif » des théories. Selon moi, il est en revanche possible de faire du travail scientifique tout simplement à partir d'une donnée, en systématisant une théorie qui expliquerait cette donnée, sans que l'on soit nécessairement en mesure de faire une nouvelle prédiction avec cette théorie.

Pour vous donner un exemple simple, Michael Ventris, qui a déchiffré l'écriture linéaire B en Crète et qui a fini par découvrir que c'était du grec en écriture syllabique spéciale[36], avait à sa disposition un corpus d'inscriptions à partir duquel, par une analyse approfondie, il a été capable d'édifier une théorie : le contrôle expérimental a été simplement représenté par le fait que les inscriptions avaient un sens... Bien sûr, il n'a pas été capable, et personne ne le lui demandait, de trouver lui-même de nouvelles inscriptions...

Cependant, un poppérien pourrait répliquer à cela que la tâche de Ventris ne consistait pas à trouver une nouvelle inscription en linéaire B : sa théorie était plutôt destinée à « empêcher » que l'on trouve des inscriptions en linéaire B qui ne soient pas des inscriptions en grec. Il y a donc là une possibilité (théorique) d'infirmer (falsifier) une théorie herméneutique du type de celle de Ventris.

Bien sûr, si l'on admet le concept de « falsification virtuelle » même les modèles fournis par la théorie des catastrophes sont « falsifiables » en un certain sens.

Il y a peut-être une certaine analogie avec les principes de la thermodynamique, un exemple célèbre de Popper concernant la « falsificabilité » des hypothèses scientifiques. Popper « n'exige pas, en fait, qu'avant d'être acceptée, chaque assertion scientifique doive être contrôlée de fait. *Il exige seulement que chaque assertion de ce type soit* passible *de contrôle » et encore : « Les soi-disant lois de la nature ont la forme d'assertions strictement universelles ; elles peuvent donc être exprimées sous forme de négations d'assertions strictement existentielles, c'est-à-dire, sous forme d'assertions de* non-existence *(ou assertions : il n'y a pas).* » *Par exemple, la loi de la conservation de l'énergie peut être exprimée sous la forme : « Il n'existe aucune machine du mouvement perpétuel », ou encore l'hypothèse de la charge électrique élémentaire : « Il n'existe aucune charge électrique qui ne soit pas un multiple de la charge électrique élémentaire. » Dans cette formulation, nous voyons que les lois de la nature peuvent être comparées à des « interdictions » ou des « prohibitions ». Elles ne prétendent pas que quelque chose existe, ou se produit : elles le nient... Et c'est justement parce qu'elles le font qu'elles sont* falsifiables. *Si nous acceptons pour vraie une seule assertion singulière qui, pour ainsi dire, brise la prohibition en avançant l'existence d'une chose (ou le fait qu'un événement s'est produit) exclue par la loi, celle-ci en est réfutée (un exemple de cela pourrait être fourni par l'assertion : « A tel endroit, il y a un appareil qui est une machine du mouvement perpétuel*[37] *»). C'est cela que Popper veut signifier avec sa notion de « falsificateur potentiel » d'une théorie scientifique. Par ailleurs, toutes les tentatives effectuées de fait pour construire un mouvement perpétuel ont échoué : elles sont donc interprétées comme des « corroborations » de la théorie. Qui, du reste, est plus convaincu de la fausseté profonde du premier principe de la thermodynamique que l'un de tous ces « inventeurs » d'un mouvement perpétuel ?*

En somme, on essaye de falsifier « sincèrement » la théorie même si, tout compte fait, on n'y parvient pas !

Je dirais alors que certains modèles de Zeeman sont vraiment susceptibles d'être falsifiés virtuellement dans le sens que nous venons d'expliquer ! Par exemple, on peut imaginer que l'on agit dans l'espace de contrôle de manière à produire telle ou telle autre transformation et voir si la transformation en question se produit effectivement. Mais le fait que certains modèles proposés par Zeeman soient « falsifiables » (au sens poppérien du terme) ne veut pas dire qu'ils soient « bien corroborés » (au sens poppérien du terme) !

Vous êtes donc d'accord pour penser qu'il faut considérer la « théorie » des catastrophes comme un « générateur » de modèles ?

Certainement.

Le fait que les différents modèles soient falsifiables ou qu'ils aient été carrément falsifiés de fait ne veut donc pas dire que la théorie des catastrophes doive être ipso facto *éliminée. Contre un certain « falsificationnisme » ingénu, une falsification « locale » n'implique pas le rejet « global » d'un générateur de modèles de ce type...*

Sûrement : si nous considérons l'état actuel d'une certaine modélisation s'inspirant de la théorie des catastrophes, on ne peut pas ne pas admettre qu'il y a eu des échecs notoires, dus au fait que certains chercheurs ont appliqué cette modélisation comme une routine, à la lettre, d'une façon inintelligente. J'irai même jusqu'à dire que, selon moi, rares sont les exemples d'utilisation pertinente de la méthodologie de la théorie des catastrophes. Le meilleur usage que l'on puisse en faire, à mon avis, consiste en fait à réussir à repérer des paramètres pertinents.

A l'inverse, une modélisation pseudo-quantitative, imposant un modèle catastrophiste à une situation empirique donnée, peut présenter de l'intérêt en tant que « mathématique d'approximation », exactement comme il peut être intéressant dans certains cas de représenter une fonction continue par un polynôme d'interpolation.

Mais alors cette approximation ne dit pas grand-chose sur les mécanismes profonds des phénomènes, et surtout elle n'a qu'une validité locale impossible à extrapoler au-delà de certaines limites souvent difficiles à spécifier. C'est pourquoi, dans l'ensemble, tout ce qui a été présenté comme « application » de la théorie des catastrophes n'a pas encore donné de résultats convaincants. En particulier, il n'y a pas eu d'exemples où l'on ait pu faire une prédiction effective, confirmée ensuite par l'expérience, exception faite des expériences de M. Berry sur l'optique géométrique, sur les caustiques[38]. Cependant, il s'agit dans ce cas de phénomènes si évidents et prévisibles *a priori* que la surprise n'est finalement pas si grande... De ce point de vue, on peut dire que la théorie n'a pas trouvé jusqu'ici de grandes applications pratiques et il n'est pas dit qu'elle en ait dans le futur, même si, évidemment, la chose ne doit pas être exclue ! C'est une situation assez semblable à celle de l'utilisation des distributions de Gauss en statistique. Question : l'utilisation des distributions gaussiennes en statistique a-t-elle conduit réellement à de bonnes possibilités de prédiction ? Selon moi, ce n'est pas très évident et je pense que les modèles des catastrophes ont un peu le même statut, si l'on peut dire.

Principalement ceux fournis par la théorie des catastrophes élémentaires, où l'on utilise de façon systématique les formes canoniques des singularités et de leurs déploiements. Bien sûr, la situation est un peu déplaisante, du moment qu'elle ne facilite pas les choses pour défendre la théorie des catastrophes, alors que tout le monde se demande ce qu'est effectivement cette théorie. On pourrait alors répondre qu'elle consiste dans les sept catastrophes élémentaires de l'espace-temps de dimension 4, mais c'est un point de vue que je n'accepte pas, parce que, selon moi, la théorie des catastrophes est bien plus générale. Mais si ce n'est pas ça, alors qu'est-ce que c'est ? Je pourrais répondre que c'est une méthode générale, mais une « méthode générale » ne faisant pas appel à des théorèmes précis : donc, il n'y a plus de « substances mathématiques ». Et c'est bien là, au fond, l'objection de Smale quand il écrit qu'il n'y a pas une substance mathématique proprement dite en dehors des catastrophes élémentaires. En un certain sens, Smale a raison. Par ailleurs, j'estime qu'il est absurde de vouloir se confiner dans un schéma mathématique unique, alors qu'il faut utiliser toutes les ressources offertes par la théorie de la bifurcation ; or ces ressources sont bien loin d'être toutes connues et analysées, même du point de vue mathématique. En général, du moment que l'on ne connaît pas la structure des attracteurs, *a fortiori*, on ne connaît pas la structure de leurs bifurcations : c'est une *terra ignota*. Il est vrai que, dans bien des cas, on a utilisé des techniques analogues à celles de *Stabilité structurelle et morphogénèse*, mais je pense que dans mon livre on trouve pour la première fois une méthodologie systématique de ce type de modélisation.

Il semble que beaucoup de critiques s'articulent sur deux fronts ; sur celui du contrôle empirique de la théorie des catastrophes, mais aussi, sur celui de la rigueur mathématique.

En ce qui concerne le contrôle empirique, j'ai déjà répondu. Quant à la rigueur mathématique : il est vrai que, en tant que mathématicien, j'ai écrit quelques articles pas très rigoureux, et je suis le premier à l'admettre.

Par exemple, mon article important sur les ensembles stratifiés avait une axiomatisation un peu lacunaire (que

Mather a ensuite complétée) ; j'ai également énoncé beaucoup de théorèmes que je n'ai pas été en mesure de démontrer effectivement. Cependant, dans l'ensemble, je ne pense pas avoir commis d'erreurs criantes. J'ai suffisamment d'intuition pour ne pas les commettre.

Quand Sussmann et Zahler parlent, par exemple, de « modélisation peu rigoureuse » ils critiquent certains aspects de la présentation de Zeeman quelque peu discutables. Je me rappelle très bien que Zeeman estimait que, sur la base de certains « théorèmes », il était juste d'affirmer, par exemple, que dans des processus réels une frontière se déplace et finit par se stabiliser.

Ici, il convient d'être précis : selon moi, on ne peut jamais « déduire » un phénomène concret d'un théorème. Je pense qu'il existe une distinction fondamentale entre le monde des mathématiques où l'on procède par déduction et le monde de la réalité. En somme, Zeeman voulait déduire certains phénomènes naturels d'une proposition mathématique. Cela n'est permis que si, *a priori*, on est en présence d'un phénomène régi par un certain modèle. Mais on ne peut le savoir qu'en vertu d'une loi physique ou de quelque chose d'analogue.

Par conséquent, vous êtes d'accord avec la critique de Sussmann et Zahler...

Oui, naturellement, mon accord avec Sussmann et Zahler ne porte que sur ce point particulier. Par ailleurs, c'est ce que j'objectais déjà à Zeeman auparavant : en aucun cas, les mathématiques n'ont le droit de dicter quoi que ce soit à la réalité.

On en a donc fini avec le problème de la rigueur ?

Pour revenir sur des questions d'ordre personnel, il y a un aspect qui a beaucoup frappé certains mathématiciens, justement à propos des catastrophes élémentaires.

Certains représentants de l'école de Warwick et un grand nombre de chercheurs qui ont suivi leur approche ont appelé cette classification « théorème de Thom[39] ». Mais je n'ai, quant à moi, jamais énoncé un théorème de ce genre, je n'ai fait que donner la liste des sept singularités qui se présentent en général sur un espace-temps à dimension 4. Un certain nombre de puristes, en particulier des mathématiciens de l'école soviétique tels qu'Arnold, ont continué à soutenir qu'il était incorrect d'appeler ce théorème « théorème de Thom », car je n'avais jamais énoncé ou démontré une chose de ce genre. J'ai répondu à Arnold que je n'avais jamais eu une telle prétention et que je me garde bien de revendiquer les théorèmes que j'ai énoncés, pour lesquels je ne disposais pas de démonstrations complètes. Mais ces questions de priorité sont généralement des controverses techniques de bien peu d'intérêt pour les non-spécialistes !

Faisons donc le point sur la rigueur mathématique. Dans l'un de vos articles, on lit que « tout ce qui est rigoureux est insignifiant » : ne vous semble-t-il pas que l'insistance sur les confirmations expérimentales et sur la rigueur absolue sont les deux faces d'une même médaille, d'une « attitude justificationniste », pour reprendre les termes des philosophes anglo-saxons ?

Oui, il existe, en effet, une certaine parenté entre ces deux exigences. De plus, il y a, à mon avis, un troisième facteur pertinent dans la justification des modèles et que, les fanatiques des deux autres caractères ont souvent oublié : je veux dire l'économie intellectuelle.

Pourquoi ce terme ? Est-ce une allusion au point de vue classique de Mach ?

Mach ? Peut-être, ou carrément au rasoir d'Occam. Il est clair qu'étant donné n'importe quelle phénoménologie, on peut toujours construire un modèle qui la décrit. En d'autres termes, si l'on utilise des paramètres en nombre suffisant, des fonctions d'un degré assez élevé, on peut toujours construire un modèle mathématique de n'importe quoi ! Mais le vrai problème n'est évidemment pas là : il consiste, en revanche, dans la construction d'un modèle qui ne recoure pas à « trop » d'êtres mathématiques. Il y a donc un conflit entre l'adhérence rigoureuse à la donnée empirique, ce que les Anglo-Saxons appellent le *fit*, et la quantité des paramètres qui apparaissent dans le modèle : si on met beaucoup de paramètres, on a un bon *fit*, mais un modèle compliqué, si on en met peu, le modèle est simple, mais le *fit* est mauvais. Seront excellents les modèles qui concilient, moyennant quelques compromis, peu de paramètres et un bon *fit*.

Voici donc un critère pour la validité des modèles...

... Mais qui dépend fondamentalement de ce qu'on veut faire. Si, par exemple, on cherche des modèles quantitatifs locaux, c'est-à-dire, si on veut modéliser quantitativement des situations locales (prenons, par exemple, des phénomènes biologiques bien définis comme la circulation du sang dans l'aorte ou le mouvement du gaz carbonique dans les poumons), il faut introduire un nombre suffisant de paramètres. Mais, si on se propose de repérer les grands paramètres sous-jacents aux phénomènes, il est alors intéressant de se contenter d'un petit nombre de paramètres, en négligeant, partiellement au moins, l'accord quantitatif avec l'expérience. Par exemple, quand j'ai construit mes modèles destinés à l'embryologie, je ne me suis jamais préoccupé de cet accord quantitatif...

Parce que l'accord quantitatif avec l'expérience n'est pas important dans ce cas ?

D'après moi, pour un modèle du développement embryologique, le problème le plus important est celui du raccord de certains phénomènes locaux avec leur environnement. Je vais vous donner un exemple spécifique qui permet également d'éclaircir la question d'ordre général sur laquelle nous discutons : quel type de mathématiques faut-il utiliser pour expliquer une certaine phénoménologie ?

Prenons par exemple le phénomène de la gastrulation dans l'embryologie des vertébrés ; c'est une étape du développement embryonnaire au cours de laquelle l'ectoderme recouvre la surface de l'embryon, l'endoderme se place à l'intérieur et le mésoderme en position intermédiaire. Face à une situation de ce type, on peut choisir entre un certain nombre de modélisations mathématiques. On peut faire ce qu'a fait Zeeman et prendre un modèle à trois minimums correspondant à trois régimes stables (endoderme, ectoderme, mésoderme) et donc raisonner à partir d'une singularité de type papillon. J'ai répondu à Zeeman qu'il me semble préférable de partir d'une fronce et de supposer ensuite que, sous l'effet d'une complication intérieure de la dynamique, il se produit un cycle d'hystérésis pouvant éventuellement être lissé et donner origine à un cycle véritable qui sera stable et pourra représenter le mésoderme. Dans ce cas, on peut choisir entre deux singularités typiques : le papillon ou la fronce. J'ai opté pour la seconde interprétation. Certaines portions du mésoderme, par exemple, donnent naissance au tissu cardiaque, qui par la suite développe lui-même un cycle d'évolution typique, de contraction périodique : au point que, comme on sait, si l'on ne permet pas au cœur de se former, on a alors un grand nombre de petits cœurs constituant des espèces de capsules qui battent chacune de leur côté. Dans ce cas, on a la situation exemplaire où le choix du modèle pour décrire une morphologie donnée peut être déterminé par ce qui se produit dans des milieux loin du processus considéré.

En d'autres termes, il faut replacer le phénomène dans son environnement, le considérer dans sa genèse et dans son développement : en fait, ce sont vraiment des considérations liées au milieu qui peuvent décider du choix de la dynamique à utiliser à l'intérieur du modèle.

Je n'ai donc pas de préjugés sur la façon de construire les modèles : je crois que tout doit être considéré, pas seulement les objets modélisés en soi, mais aussi les environnements. L'un des mérites de la théorie des catastrophes est justement qu'elle permet cette souplesse, cette possibilité de regarder autour de soi, d'associer les choses... alors que, à l'inverse, la modélisation plus traditionnelle modélise un être bien spécifique, bien délimité, sans se soucier de ce qui se produit à côté.

Mais le fait de couper les liens n'est-il pas typique de la science moderne entendue comme forme spécifique de connaissance ? Pourquoi donc Galien n'a-t-il pas réussi à découvrir le mécanisme de la circulation sanguine, bien qu'il ait appliqué une méthode d'expérimentation analogue à celle de Harvey (la ligature) ?

La réponse est que c'est dû à l'incapacité dans laquelle se trouvait Galien de considérer le mouvement du sang comme un simple problème d'hydraulique, d'étudier ce mouvement exclusivement en soi et pour soi. Pour la biologie galénique, la circulation ne pouvait être considérée comme un système mécanique fermé, et le sang ne pouvait être traité indépendamment de l'ensemble du corps, du problème de la santé, des rapports entre l'organisme et ses écosystèmes propres, des problèmes de l'alimentation, etc. Ce que Harvey a pu isoler n'était pas isolable pour Galien

La méthode expérimentale a sans aucun doute favorisé

dans une large mesure cette dissociation des phénomènes : pour décrire les phénomènes, il est commode de les dissocier, de les isoler. Il faut être en mesure de préparer une situation que l'on peut répéter, reproduire ; et dans la mesure où l'on veut une situation reproductible, il faut évidemment la « découper ». A mon avis, le fait de découper ainsi les choses constitue une mutilation considérable de la réalité, surtout en biologie. En physique, en fait, on peut avancer, non sans raison, que beaucoup de phénomènes sont déjà dissociés en soi ou couplés d'une manière très faible : par exemple, la gravitation et l'électromagnétisme sont couplés très faiblement ; en revanche, en biologie, les phénomènes voisins sont plus liés entre eux et les dissociations ont toujours quelque chose de très artificiel.

Mais comment la théorie des catastrophes peut-elle surmonter une difficulté de ce genre ?

L'avantage du schéma de la théorie des catastrophes tient à l'idée selon laquelle, quand on a un processus morphologique dans un espace substrat, on peut supposer que tous les processus locaux qui se produisent dans un petit domaine, dans un petit ouvert dans le voisinage d'un point, forment chacun une sorte de boîte noire avec « fenêtre » et que la couleur de la fenêtre est la « sortie » du point. *Toute la morphologie devient ainsi un champ de « boîtes noires avec fenêtres »*. Le problème est donc alors de savoir comment interpréter les sauts d'une couleur à l'autre, et donc la morphologie en termes d'une dynamique sous-jacente, d'une dynamique interne.

Supposons alors qu'une certaine région D de l'espace-temps soit le siège d'un processus naturel (physique, chimique, biologique, etc.) ; D est divisée en cellules et dans chaque cellule il y a une boîte noire avec fenêtre de laquelle une couleur « sort »...

Justement : le domaine D est la base d'un champ d'automates locaux, où l'entrée est tout simplement la position spatio-temporelle, alors que de chacune des « fenêtres » sort une couleur, de sorte que D apparaît comme une espèce de tableau coloré. Si en un point *a* de D l'automate local est en une branche régulière de la caractéristique C du système et y reste pour une infime variation de *a*, *a* constitue un point régulier de la morphologie. Les points réguliers constituent un ouvert dont le complément est, justement, l'ensemble fermé K des points de catastrophe. Et ce sont ces points, où la couleur est discontinue, qui constituent les supports des formes visuelles que nous percevons en D. Ainsi, justement, dans la distinction forme/fond, chère aux gestaltistes, K est représenté par le bord de la forme...

Mais dans cette idée d'une morphologie comme champ de boîtes noires avec fenêtre et de dynamique sous-jacente, la théorie des catastrophes ne reprend-elle pas certains thèmes de base de l'ancienne philosophie de la nature ?

Effectivement, il y a, dans la théorie des catastrophes, une exigence de synthèse qui, dans une certaine mesure, reprend l'héritage de l'ancienne *Naturphilosophie.*

Selon moi, si l'on observe les phénomènes avec un certain détachement, on constatera que de nombreux accidents morphologiques apparaissent d'une manière tout à fait indépendante de la nature des entités qui y sont impliquées. La classification de ces phénomènes généraux ubiquistes permet d'isoler des « entités » à l'œuvre localement dans ces dynamiques que j'ai appelées λογοι, archétypes.

En principe, ces archétypes se manifestent sur n'importe quel substrat. C'est une idée qui scandalise les savants positivistes qui partent du principe, par ailleurs discutable, que les morphologies sont fondamentalement liées à la nature des constituants.

Prenons, par exemple, la théorie des phases : tous les liquides ont pratiquement le même comportement, tous les gaz ont pratiquement le même comportement, tous les solides ont des comportements voisins pour la plupart, même si les propriétés de rigidité, viscosité, résistance sont évidemment très, très différentes. La théorie des catastrophes élémentaires est, en quelque sorte, une théorie du substrat plus général, du substrat indifférencié, je dirais même de la *materia prima* des scolastiques. Mais si nous imposons au substrat des propriétés d'invariance, volume constant ou distance constante, etc., la théorie se modifie et ces modifications impliquent un changement de la nature des accidents morphologiques. Souvent, la matière impose des contraintes supplémentaires : de rigidité, de symétrie, d'invariance de certains volumes, etc., et grâce à ces contraintes, la théorie des singularités se trouve modifiée. Cette modification apparaît empiriquement dans la nature spécifique des singularités : par exemple, les singularités des nuages ne sont pas celles d'un iceberg ou d'une roche...

Il semble donc que ce point de vue réunisse la notion de forme et celle de croissance comme dans d'Arcy Thompson[40]. *Par ailleurs, elle accepte à nouveau le rôle de la cause formelle... cela ne marque-t-il pas, dans une certaine mesure, un retour à Aristote ?*

A l'occasion d'un colloque sur Aristote, en 1978, j'ai eu l'occasion de dire, au cours de mon intervention, que la théorie des catastrophes permet de faire réapparaître une idée aristotélicienne, celle du schéma hylémorphique selon laquelle la matière aspire à la forme. Je pense que, dans cette idée, il y a un noyau très juste : selon moi, une renaissance de la causalité formelle est possible.

On a coutume d'opposer la science de Newton à celle d'Aristote. Kuhn, lui, a souligné que, chez Newton, il y a encore quelque chose qui reste lié à l'idée de cause formelle d'Aristote[41]. *Ne pourrait-on pas, alors, parler plutôt d'opposition entre le modèle scientifique cartésien et une tradition qui va d'Aristote à Newton. Etes-vous d'accord ?*

Vu sous cet angle, il y a en effet une certaine opposition entre Descartes et Newton. Cependant, en un certain sens, dans le schéma newtonien, la notion de force comme cause active plutôt que formelle est conservée ; mais si partant de Newton on « vieillit » d'un siècle et on arrive à Hamilton, on voit que l'on peut très bien exprimer les lois de Newton par l'intermédiaire d'une loi hamiltonienne dotée d'un certain potentiel, alors le système différentiel obtenu hérite d'une certaine forme et les accidents locaux obtenus, comme les trajectoires fermées, les enveloppes des orbites dans l'espace des phases, etc., vont hériter d'une certaine forme. On peut donc dire qu'à partir du moment où on utilise des formalismes hamiltoniens, on se trouve amené à considérer automatiquement certaines familles de trajectoires qui présentent une forme donnée, même si, en général, du point de vue géométrique, ces formes sont terriblement compliquées. Cela n'empêche pas cependant l'apparition d'une dissociation fondamentale des trajectoires qui joue un rôle important dans toute l'interprétation de la dynamique : il y a certaines dynamiques qui restent dans un petit domaine borné de l'espace, alors que d'autres naviguent de façon chaotique, ergodique dans tout l'espace. Dans un certain sens, on peut dire que certaines formes tendent à se réaliser automatiquement au niveau d'une dynamique générale.

Des exemples ?

Considérons un oscillateur linéaire dont le mouvement est défini par l'équation différentielle $q = -k\ddot{q}$ avec $k > 0$.

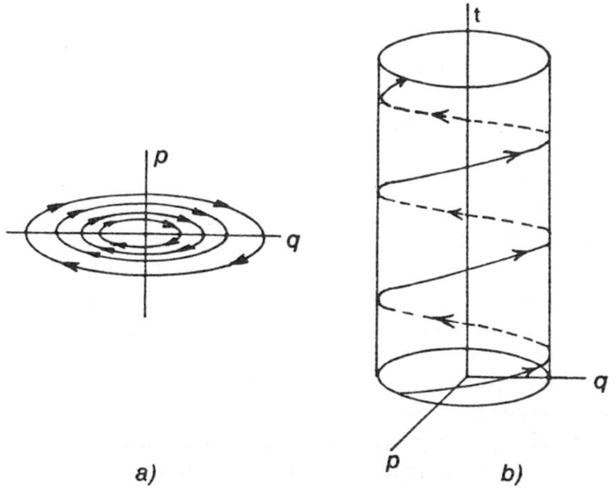

Fig. 11. — L'oscillateur linéaire : a) l'espace des phases (p, q) ; b) l'espace des états (p, q, t) où le temps t est considéré comme une variable additionnelle.

On a tout de suite une interprétation en termes de cause efficiente : on a une force de rappel proportionnelle à la distance *q* et le modèle oscille indéfiniment autour de l'origine avec une loi sinusoïdale. Mais si nous appliquons le formalisme hamiltonien, on peut transformer le système en introduisant une « variable cachée » *p*, le moment cinétique. Alors, dans l'espace des phases (p, q) on est amené à considérer un hamiltonien quadratique de la forme :

$$H = \frac{1}{2}\frac{p^2}{m} + \frac{1}{2} \cdot k\, q^2$$

où *m* est la masse de l'oscillateur. Les trajectoires peuvent alors être interprétées comme des ellipses autour de l'origine (fig. 11). On a un minimum quadratique pour l'hamiltonien H à l'origine $p = q = 0$ et, en général, pour H = E, avec E constant : on définit donc les trajectoires elliptiques :

$$\frac{1}{2}\frac{p^2}{Em} + \frac{1}{2}\frac{k}{E}q^2 = 1$$

de façon que *le même* système dynamique puisse recevoir une interprétation en termes de cause efficiente à travers des forces ou une interprétation morphologique formelle en termes de singularité d'un hamiltonien. Dire quelle interprétation est la plus profonde, la plus « physique », est une question de libre choix.

En conclusion sur ce point...

Je voudrais citer les mots d'un collègue économiste que je ne nommerai pas et qui a tenu à donner son avis sur la théorie des catastrophes. Il dit textuellement : « Quand René Thom, dont nous nous gardons bien de contester les éminents mérites, affirme par exemple que la stabilité d'une forme telle que le tourbillon du fleuve héraclitéen de l'écoulement universel repose en définitive sur une structure à caractère algébrico-géométrique dotée de la propriété de stabilité structurelle par rapport aux perturbations incessantes auxquelles elle est soumise, ne semble-t-il pas, peut-être, nous inviter à déplacer notre attention de l'analyse des forces à l'analyse des formes, et à sous-évaluer, par exemple, l'importance des phénomènes d'affinité chimique qui fixent dans le temps les structures nées de leur rencontre aléatoire ? »

A quoi je réponds : il n'y a aucune raison de penser que la force ait en principe un statut ontologique plus profond que celui de la forme.

En général, si on a attribué à la force un statut ontologique plus profond que celui de la forme, cela est sans doute dû à une espèce d'anthropocentrisme ingénu qui dérive du fait que nous agissons sur les objets extérieurs par l'intermédiaire des forces que nous leur appliquons avec l'aide de nos muscles.

Certainement, même dans la physique newtonienne, les forces apparaissent comme des agents efficients. On peut donc retenir que si la force a un statut ontologique supérieur par rapport à la forme, c'est grâce au paradigme physicaliste de type newtonien. Mais il est plutôt surprenant que cette opinion soit défendue par un économiste !

J'estime, en revanche, que la forme entendue dans une très large acception est un concept infiniment plus riche et plus subtil que le concept de force, concept anthopocentrique réduisant pratiquement un être à un vecteur. Mais, qu'il s'agisse de physiciens ou d'économistes, il faut convaincre les chercheurs que l'analyse morphologique peut être plus révélatrice qu'une analyse en termes de forces. Il y a tout un travail d'éducation à faire.

Chapitre III

ÉPISTÉMOLOGIE ET PHILOSOPHIE

La théorie des catastrophes a été porteuse d'idées acceptées parfois avec difficulté dans le milieu scientifique traditionnel. Il s'agit là d'un problème de sociologie de la science considéré d'un point de vue général surtout par Thomas Kuhn dans son ouvrage : La Structure des révolutions scientifiques[1], *qui démontre, en particulier, combien les nouvelles idées éprouvent de difficultés à pénétrer dans l'éducation. Qu'en pensez-vous ?*

J'apprécie beaucoup le livre de Kuhn. L'idée de paradigme est une idée très juste[2]. Un paradigme vit longtemps et survit beaucoup à son efficacité, surtout pour des raisons sociologiques. Donc, de ce point de vue, les idées de Kuhn peuvent très bien rentrer dans un schéma de type catastrophiste. Ce rapprochement est peut-être un peu audacieux, mais je pense que les mécanismes de fond sont assez voisins. L'inertie d'un paradigme est due à la myopie des chercheurs qui travaillent à l'intérieur de celui-ci, en se consacrant à l'élucidation de « puzzles[3] » comme dit Kuhn. Il est clair que lorsqu'on s'occupe à résoudre un « puzzle », on ne s'aperçoit pas de ce qui peut arriver en dehors de la devinette à résoudre : voilà pourquoi, justement, un paradigme peut être, de tout temps, menacé *de l'extérieur,* sans que les chercheurs qui travaillent *à l'intérieur* en soient conscients. Ils se trouvent donc dans une situation métastable avant même de s'en apercevoir. Situation tout à fait analogue à ce qui se produit en politique au cours des périodes prérévolutionnaires. Souvent, les régimes se trouvent en difficulté parce que les dirigeants n'ont pas clairement conscience des périls qui les menacent. Ils vivent dans un univers fermé, séparé de la réalité et la révolution se déchaîne à condition qu'un groupe ou un chef plus ou moins charismatique prenne la direction de la révolte. Si le ferment des idées réussit à être synthétisé par un « chef », on élabore alors une contre-doctrine, un contre-paradigme que l'on oppose au paradigme existant. Souvent, dans une situation prérévolutionnaire, au début, les idées ont un caractère un peu utopique, presque millénariste : elles soulèvent les esprits, même si elles n'ont pas une portée effective.

Cependant, il suffit que ces idées se cristallisent dans un début d'organisation pour devenir rapidement une grande force d'attraction autour de laquelle s'organise l'opposition qui amènera ensuite à la révolte. En outre, une révolution se réalise lorsque les dirigeants eux-mêmes cessent d'être convaincus de la validité de l'ancien paradigme. L'analyse historique de certaines situations révolutionnaires démontre que, dans bien des cas, si le gouvernement avait utilisé la force militaire en temps opportun, il aurait pu écraser la révolution dès sa naissance. Mais il arrive souvent que les chefs soient vaincus par le doute et qu'ils ne sachent plus ou ne veuillent plus recourir à la force avec une détermination suffisante. Alors, ils sont perdus. Peut-être la même chose se produit-elle dans l'évolution des sciences : à un certain moment, les défenseurs d'un vieux paradigme sont vaincus par le doute, alors la voie est ouverte pour un nouveau paradigme...

Révolutions « politiques » et révolutions « scientifiques » : y verra-t-on plus qu'une ressemblance superficielle ?

Dans les deux cas, comme d'ailleurs Kuhn l'a affirmé, une situation de « crise » dans la communauté politique et dans la communauté scientifique semble être l'élément de base. Le terme de « crise » ne se réfère-t-il pas, comme le terme de « catastrophe » à un changement de régime qualitatif ?

Tout d'abord, il y a une différence radicale. Une « catastrophe » (au sens le plus large du terme) est un phénomène bien visible, une discontinuité observable... La crise, elle, peut être latente, sournoise. Très souvent, elle ne se manifeste qu'à travers une perturbation quantitative (et non pas qualitative) d'un processus de régulation : pensons, par exemple, à une crise économique liée à l'inflation...

Du reste, même les « crises » dans la communauté scientifique, les crises des paradigmes kuhniens, peuvent être invisibles...

Oui, ici comme ailleurs, il y a aussi un lien très net entre crise et catastrophe. Souvent, la crise annonce la catastrophe qui est précédée et parfois même provoquée par la crise. Ce sont des situations déjà familières à la physique et à la chimie, il suffit de penser au phénomène des changements d'état. Cependant, les situations caractérisées par une morphologie locale fluctuante se présentent aussi dans la société, justement quand les grands changements se préparent...

Toutefois, une qualification ultérieure est nécessaire. Une définition formelle de « crise » n'est pas à rechercher obligatoirement au niveau morphologique ; et on ne peut réduire de façon hâtive la « crise » à un simple signe précurseur d'une catastrophe. En revanche, la « crise » doit être définie à un autre niveau, celui de la subjectivité.

Les systèmes mécaniques, physiques, etc., connaissent des « points critiques », et non pas des « crises » authentiques. Les crises ont un caractère *éminemment subjectif*. En somme, est en « crise » « tout sujet » dont l'état qui se manifeste par un affaiblissement — apparemment sans cause — de ses mécanismes de régulation est perçu par le sujet lui-même comme une menace à son existence...

Voyons quelques exemples.

Il suffit de considérer les crises économiques : que resterait-il de ces crises si l'on pouvait éliminer les effets psychologiques des « situations de crise » sur les agents économiques.

Mais, du fait de cette composante subjective, la notion de crise sort du cadre conceptuel de la dynamique, cela ne veut pas dire qu'elle concerne uniquement le secteur de la psychologie humaine. D'après moi, le contexte le plus opportun est celui de la biologie. En effet, on peut parler *d'organisme animal en crise,* en tenant compte de la subjectivité rudimentaire qu'il est possible de reconnaître aux animaux... L'ego, chez les animaux, ne subsiste pas de façon permanente, il se reforme pour ainsi dire *de novo* toutes les fois qu'il fait jouer un grand réflexe régulateur qui implique un « objet » extérieur quelconque : pensons, par exemple, au mécanisme prédateur/proie. Il s'agit de situations *ambiguës* où soit on enlève au sujet un objet qui « normalement » lui est habituel, soit on lui offre une pluralité d'objets parmi lesquels il devra choisir. Dans le premier cas, il s'agit de ce qu'on appelle la « déprivation sensorielle », qui peut amener le sujet humain à l'angoisse et à l'hallucination. Un exemple paradigmatique du second type est le célèbre âne de Buridan[4]...

Autre exemple possible, celui de l'oiseau fasciné par le serpent. Dans ce cas, on pourrait penser que la forme du serpent évoque chez l'oiseau la forme archétype du ver, donc de sa proie. Mais la taille du serpent fait de lui le prédateur d'où s'ensuit « la paralysie du jugement » de l'oiseau...

Mais à partir de quel moment le fait d'avoir repéré les causes de la crise permet de la résoudre ?

Dans tous les cas que j'ai cités, la crise intervient chez le sujet à cause d'une absence ou d'une ambiguïté de son objet « normal » (il n'y est plus, il y en a trop, etc.) due à la présence d'une situation conflictuelle dans le milieu. Résoudre la crise signifie alors choisir un objet opportun où le sujet retrouve son propre objet « naturel » et sur lequel le sujet peut agir (par exemple la capture) : ce mécanisme d'extinction des crises — qui ramène le sujet à une sorte de « credo[5] » rassurant — est à ce point efficace que parfois le sujet, incapable de saisir la cause véritable de son mal, se forge un faux objet sur lequel agir, ce qui a pour résultat d'éliminer (seulement) les aspects psychologiques de la crise en question. En biologie et également en sociologie, ces « pseudo-solutions » sont très nombreuses. Qu'il nous suffise de penser tout simplement *aux boucs émissaires* auxquels la communauté sociale en crise recourt trop souvent (le cas des persécutions et des guerres provoquées par le régime nazi est typique). Or, les pseudo-solutions ont souvent une efficacité locale indéniable, mais le fait d'insister dans ces pseudo-solutions au-delà d'une certaine limite engendre très vite une situation analogue à celle des crises dues à l'*hybris :* un mécanisme qui est apparu avantageux jusqu'à ce qu'il se révèle désastreux au-delà d'un certain seuil...

Cependant, dans bien des situations, les crises ont un caractère bénéfique...

Chez un être vivant, une crise doit toujours être rapportée à un défaut de ses mécanismes de régulation. L'analyse de la constitution du schéma de régulation d'un animal montre que ces défauts sont inévitables, dans la mesure où ils dépendent de contraintes de nature topologique (ou morphologique). Ainsi, un animal ne peut surveiller de façon permanente la totalité du milieu qui l'entoure à l'aide de son appareil sensoriel — sa peau, par exemple, ne peut pas être totalement recouverte d'yeux ! Il y a nécessairement des lacunes, des imperfections dans la simulation du monde extérieur faite dans le cerveau : si un ennemi utilise cette lacune à son avantage, voilà que la crise se déchaîne. Enfin, le développement « normal » lui-même comporte des étapes « indéterminées » qui engendrent des crises, lesquelles sont normalement franchies... La crise est donc inévitable et, en général, bénéfique : elle peut en effet faire prendre conscience par le sujet de ses propres limites et le pousser à un « retrait stratégique » lui permettant de temporiser et de mieux se réadapter à son propre « milieu ». Donc, la métaphore biologique se montre extrêmement utile également pour l'étude de la communauté sociale, des communautés scientifiques. Naturellement, le choix fait par le « système » (ou le « sujet ») d'une pseudo-solution peut développer des « tendances aberrantes »...

Et même la tension entre « état normal » et « état de crise », examinée d'une façon « fine », révèle une coprésence importance de « crise » et « normalité » : celle-ci nous renvoie ainsi au modèle de développement tracé par Kuhn : la science « progresse » à travers ses propres « crises ».

Comme je l'ai déjà dit, le modèle kuhnien de la dynamique de l'entreprise scientifique me semble convaincant à plus d'un point de vue. Comme l'âne de Buridan ne veut pas périr, il finit par choisir entre le foin et l'avoine : c'est ce qui se vérifie dans la communauté scientifique au cours des grandes périodes de « crise » (au sens kuhnien du terme), quand il s'agit d'opter entre deux paradigmes rivaux. Mais même le modèle kuhnien rencontre ici quelques difficultés. Le problème demeure de savoir si l'évolution historique des sciences doit dépendre de conflits purement sociologiques, laissant en un certain sens de côté le problème de la confrontation avec l'expérience. En d'autres termes : quel est le rôle de la confrontation avec l'exigence théorique d'intelligibilité d'une part et avec l'expérience et le succès pratique de l'autre, dans le succès relatif de deux théories en compétition ? On est tenté de penser que le rôle de ces deux facteurs — exigences théoriques et succès pratique — peut être en réalité assez important.

Evidemment, il peut se produire que le même domaine expérimental puisse être expliqué par deux théories en compétition, mais d'une manière, disons, assez « complémentaire » : une théorie explique bien une partie et mal une autre, tandis qu'une seconde théorie explique mal la première partie et bien la seconde. Dans ce cas, il serait légitime d'hésiter entre les deux théories et le succès de l'une d'entre elles serait dû probablement à des facteurs de nature historique ou sociologique. Mais dans des situations où une théorie est meilleure qu'une autre, au point de vue de l'économie intellectuelle, de la rigueur, de l'intelligibilité et de l'efficacité pratique, sans aucun doute c'est cette théorie qui finira par l'emporter. C'est peut-être justement là la raison pour laquelle je n'ai jamais poussé trop avant la théorie des catastrophes : car je suis en effet convaincu qu'elle a suffisamment de valeur en elle-même pour avoir du succès, même en l'absence de forces sociologiques qui l'imposeraient. La meilleure preuve est que, par exemple, dans des journaux comme *Mathematical Biology,* on publie des articles de chercheurs qui modélisent les situations les plus variées en parlant de la fronce comme de quelque chose dont on connaît très bien les propriétés, sans remonter nécessairement à la théorie des catastrophes. Cela prouve donc que la théorie a eu prise sur les chercheurs...

Dans votre article « Rôle et limites de la mathématisation en sciences[6] *» vous opposez langage « mathématique » et langage « naturel », pourquoi ?*

C'est une opposition assez nette. On peut objecter à cela que le langage mathématique exige lui aussi l'utilisation du langage naturel, mais il est certain que, dans le langage mathématique, il y a quelque chose de spécifique qui l'oppose au langage naturel. Je crois que ce qu'il y a de spécifique c'est cette possibilité de définir des *variations continues,* non descriptibles linguistiquement. Tout à l'heure, nous parlions d'un oscillateur linéaire qui oscille autour d'un point et j'en ai donné une description linguistique. Mais si j'introduis l'espace des phases (p, q) et si je considère les relations H (p, q) = E avec E constant[7], j'ai immédiatement une description infiniment plus précise que celle purement linguistique. Dans le formalisme mathématique, il existe une possibilité au moins virtuelle de descriptions qui, d'une certaine manière, introduit l'infini actuel (puisque l'on est dans le continu, c'est justement un infini actuel). Au contraire, la description linguistique commune est une description par éléments discrets, une combinatoire.

Vous écrivez : « L'utilisation du langage naturel soulève un problème épistémologique ardu. Dans quelle mesure les concepts associés aux mots du langage naturel ont-ils une portée universelle (et sont donc, pour cela même, susceptibles de " scientificité ") ? A priori, *rien n'assure qu'un mot d'une langue ait un équivalent exact dans une autre langue : faut-il traduire le mot " raison " par* " verstand " *ou* " vernunft " *en allemand ? Si l'on veut assurer à la science une prétention (même relative) à l'universalité et à la temporalité, il est nécessaire que les concepts qu'elle utilise puissent être traduits dans toutes les langues du monde. Ce problème de la scientificité du concept ne semble pas avoir reçu une solution satisfaisante.[8] » N'est-ce pas là une obligation trop forte ? Ne risque-t-on pas, à être trop exigeant, de nier toute « scientificité » à trop de concepts communément employés aujourd'hui dans les sciences ?*

Le problème de la traduction est très confus. Je pense cependant que les concepts que l'on peut considérer comme scientifiques sont justement ceux pour lesquels il est possible de donner une traduction univoque dans toutes les langues du monde et que c'est possible, à mon avis, parce qu'on peut spécifier leur signification par référence à des transformations qui peuvent être considérées comme des transformations spatiales. Le concept de vitesse, par exemple, est scientifique dans la mesure où nous définissons la vitesse comme la dérivée de la position par rapport au temps. Si l'on accepte que la position tout comme le temps sont une référence spatio-temporelle universelle, alors la vitesse a elle aussi une définition intrinsèque. Je pense que les seuls concepts que l'on peut considérer comme raisonnablement définis de manière intrinsèque sont ceux susceptibles d'être finalement définis, après plusieurs étapes intermédiaires, uniquement au moyen de considérations liées à la localisation spatio-temporelle. De ce point de vue, les seuls concepts vraiment « scientifiques » sont ceux liés à la géométrie de l'espace-temps !

Mais si, selon Comte, on reconnaît à chaque discipline le droit d'avoir recours à une conceptualisation spécifique propre, ce « critère » n'est-il pas trop strict ?

Si cette conceptualisation « scientifique » est possible, elle l'est dans la mesure où s'est vérifiée la possibilité de disposer de concepts intersubjectifs, une intersubjectivité qui doit transcender la langue dans laquelle ces concepts sont formulés. De ce point de vue, les sciences humaines, particulièrement, posent des problèmes bien difficiles : les concepts de société, de classe, de pouvoir, etc., sont-ils des concepts universels ? Intuitivement, on serait tenté de répondre par l'affirmative, mais il ne faut pas être trop sûr...

Selon moi, si l'on poussait à l'extrême cette exigence d'universalité, on serait amené à admettre que seuls les concepts qui peuvent être géométrisés et rapportés à l'espace-temps sont susceptibles d'universalisation et donc de scientificité. On pourrait également procéder de manière, pour ainsi dire, inférentielle : on vérifie la scientificité d'un concept *a* s'il peut être décrit au moyen d'une certaine forme géométrique dans un espace substrat E : si dans cet espace substrat E, on peut faire des constructions géométriques définies qui conduisent au concept *b*, alors on pourra dire que la scientificité du concept *a* implique la scientificité du concept *b*. Il y a donc, de ce point de vue, possibilité d'une construction inférentielle de la scientificité. J'ignore si ce procédé a été appliqué, mais je pense qu'il serait théoriquement acceptable. C'est ici que l'on voit affleurer à nouveau la différence entre Frege et Russell : Frege soutenait qu'un système axiomatique requiert la vérité des axiomes ; selon Russell, au contraire, la vérité des axiomes se postule, et, ce qui compte c'est l'inférence, à partir des axiomes, des propositions déduites. Dans certaines questions de scientificité on peut très bien accepter une position à la Russell et se demander : *supposons que* un certain concept est scientifique, pouvons-nous en déduire qu'un autre concept est scientifique ?... sans jamais savoir arriver à une définition complètement intrinsèque de la scientificité des concepts. Cela dit, je pense qu'il y a des concepts à caractère subjectif très abstraits — comme ceux de société, d'identique, de différent, etc. — qui probablement peuvent être considérés comme universels. Mais c'est un problème très vaste...

Il semble cependant que l'on retrouve un problème analogue également dans les sciences de la nature. Là, beaucoup de concepts (ordre, désordre, hasard, message, information, etc.) utilisés par les chercheurs avec un enthousiasme toujours plus grand ont très nettement un caractère non local. Et même les entités « dérivées » de la physique, comme justement la vitesse — mais aussi force, énergie, etc. —, ne sont pas nécessairement localisées...

Ces entités dérivées présentent en effet une nature linguistique semblable à celle d'un prédicat, d'un adjectif... L'adjectif « rouge », par exemple, n'est pas localisé spatialement, en fait, il participe — en un certain sens — de toutes les choses rouges de l'univers, il est localisé dans l'espace (subjectif) des impressions... Au fond, il y a un peu de magie. Comme je l'ai déjà dit, les grands succès scientifiques de l'humanité — à commencer par ceux de la physique — apparaissent comme la mise en œuvre d'une magie, une sorte d'action à distance. Ce fut le cas pour la gravitation newtonienne et même, par la suite, pour la mécanique quantique.

Mais il s'agit d'une magie étroitement contrôlée. Il a fallu qu'il y ait Einstein pour faire de la gravitation une théorie locale. Avec la mécanique quantique la chose est encore plus difficile...

La définition de la « scientificité » des concepts nous a donc amenés à l'opposition local/global...

En effet, je fais partie des personnes qui pensent qu'une théorie non locale ne peut pas être tenue pour scientifique au sens strict du terme : nous ne connaissons — et agissons — que localement. Mais pour ce qui concerne la scientificité des concepts, le rôle clef est joué par la mathématisation (et par la formalisation). Dans la mesure où la déduction théorique peut être effectuée « formellement », c'est-à-dire au moyen d'une confrontation *locale,* avec des formes prises pour axiomes, elle a certainement une validité universelle...

Mais le recours à cette espèce de combinatoire sous-entendant l'idée de la scientificité inférentielle permet-elle véritablement de dominer les difficultés connexes à la confrontation entre « paradigmes » rivaux ?

Prenons un exemple spécifique sur lequel Thomas Kuhn et Paul Feyerabend ont tant insisté : « La dynamique newtonienne peut-elle réellement être dérivée *de la dynamique relativiste ? A quoi ressemblerait une dérivation de ce genre ? Imaginons un ensemble d'expressions, E_1, E_2,...E_m, qui expriment ensemble les lois de la théorie de la relativité. Ces expressions contiennent des variables et des paramètres représentant la position spatiale, le temps, la masse au repos, etc. Par les procédés de la logique et des mathématiques, il est possible d'en déduire tout un ensemble d'autres expressions, dont certaines vérifiables par l'observation. Pour prouver que la dynamique newtonienne est valable en la considérant comme un cas particulier, nous devons ajouter aux E_1 une expression supplémentaire comme $(v/c)^2 \ll 1$, qui restreint la portée des paramètres et des variables. Cet ensemble plus vaste d'expressions est alors manipulé pour fournir un nouvel ensemble N_1, N_2,...N_m, identique par sa forme aux lois du mouvement de Newton, à la loi de gravité, etc. En apparence, la dynamique newtonienne a été dérivée de celle d'Einstein, dans les limites de certaines conditions. Pourtant la dérivation est douteuse, au moins sous cette forme*[9]. »

Par ailleurs, cette « dérivation » figure dans beaucoup d'ouvrages de théorie de la relativité... En un certain sens, il est légitime d'affirmer que la théorie de Newton est une sorte de « cas spécial » de la relativité d'Einstein.

Mais l'accord entre l'une et l'autre n'est que numérique, et non pas « qualitatif ». Comme le souligne Kuhn, les variables et les paramètres qui, dans les E_1 de la théorie d'Einstein représentaient la position dans l'espace, le temps, la masse, etc., sont encore présents dans les N_1 et y représentaient encore l'espace, le temps et la masse d'Einstein. Mais les références physiques de ces concepts d'Einstein ne sont absolument pas identiques à celles des concepts de Newton qui portent le même nom.

Newton ne pouvait certainement pas imaginer qu'un jour la masse se transformerait en énergie ou en autre chose de ce genre. Fondamentalement, Kuhn a raison : pour apparaître comme un « cas spécial » de la relativité, la mécanique de Newton doit être « transformée pertinemment » : mais la simple possibilité de transformation de ce genre — souvent mise en œuvre uniquement dans un sens (à savoir, dans l'exemple en question, *de* la théorie de Newton *à* celle d'Einstein et non vice versa, tout au moins avec succès) — montre bien combien il est exagéré de soutenir que les théories scientifiques se détruisent sans qu'il y ait de progrès ! Une fois clarifiée l'acception particulière de « cas spécial », on peut encore affirmer qu'une théorie « contient » la théorie précédente qu'elle a, pour ainsi dire, « détrônée ». A mon avis, il y a un seul contre-exemple : la révolution de Galilée a complètement annulé la problématique même de l'aristotélisme.

Les idées de génération et de corruption, par exemple, fondamentales chez Aristote, disparaissent totalement dans la perspective galiléenne (comme du reste chez Descartes). Ainsi, la problématique relative à la naissance et à la destruction des formes a été mise de côté de façon draconienne.

Ainsi, pour reprendre ce qu'en dit Feyerabend : « Le procédé de Galilée réduit de façon draconienne le contenu de la dynamique : la dynamique aristotélicienne était une théorie générale de l'altération (alloiosis) *comprenant le mouvement local, le changement qualitatif, le changement quantitatif, et le changement dans la substance (génération et corruption). La dynamique de Galilée et de ses successeurs s'occupe uniquement de la locomotion*[10]. »

C'est justement en considérant le cas historique que représente la « rupture galiléenne » que Feyerabend trouve les arguments les plus intéressants pour défendre son « anarchisme méthodologique ». Cependant, pour en donner une appréciation d'ensemble, je pense qu'il faut d'abord présenter quelques éclaircissements sur la modélisation scientifique. Ce n'est pas difficile d'expliquer ce qu'est un modèle en science : nous nous trouvons face à une situation présentant un caractère surprenant pour l'observateur, du fait qu'elle évolue d'une manière imprévisible, il y a quelque chose d'aléatoire ou d'apparemment indéterminé ou des facteurs agissant d'une manière non locale — actions à distance, par exemple. On essaye donc de dominer ces situations à l'aide de la modélisation, c'est-à-dire en construisant un système matériel — ou mental — qui simule la situation naturelle de départ, à travers une certaine analogie. A ce point, on formule une question sur la situation naturelle et, à travers l'analogie, on la transfère sur le modèle que l'on fait évoluer de manière à en obtenir une réponse.

En appliquant l'analogie en sens inverse, on obtient une réponse à la situation naturelle, qui est enfin confrontée aux données de l'expérience. La modélisation présente deux types de justifications : une justification *a priori* et une justification *a posteriori*. La justification *a priori* nécessite une théorie de l'analogie entre le système naturel et le modèle, cependant une telle théorie n'a pas encore été formulée jusqu'ici : en un certain sens, la théorie des catastrophes en constitue les prolégomènes. Toutefois, dans certains cas, on peut donner une certaine justification de l'analogie (en construisant, par exemple, une maquette, on peut trouver des correspondances entre les données de la maquette et les données réelles). Donc, dans la mesure où l'analogie entre la situation naturelle et le modèle est fondée scientifiquement, le modèle est justifié *a priori*. En revanche, la justification *a posteriori*, c'est la confrontation avec l'expérience, la confrontation de la réponse du modèle avec les données expérimentales. A mon avis, la principale caractéristique de la science moderne c'est qu'elle nécessite souvent une expérimentation très coûteuse et, c'est justement pour cette raison que l'on exige que les modèles proposés soient *a priori* fortement justifiés. Il n'est pas tolérable de s'aventurer dans une expérimentation coûteuse, si la modélisation qui la requiert est mal fondée.

Donc, dans la mesure où l'expérimentation coûte cher, on doit faire appel à des modèles très bien justifiés *a priori*. Mais toute modélisation est un pari. Il y a une mise et un gain : la mise c'est la justification *a priori*, le gain celle *a posteriori*. Or, dans la science moderne, les choses se passent exactement dans le sens contraire : la justification *a posteriori* est pratiquement négligeable par rapport à celle *a priori*. Puisque l'on veut faire des expérimentations coûteuses, la machine expérimentale doit fonctionner à tout prix. Selon moi, c'est là justement une des principales causes de la stérilité de la science moderne, stérilité entendue comme carence de conceptions théoriques générales.

Presque tous les résultats obtenus sont déjà prévisibles

dès le début. C'est pourquoi, je serais tenté de soutenir que ce sont les modèles les plus extravagants et les moins bien fondés qui donnent les meilleurs résultats. Je me rends bien compte que ce discours peut sembler paradoxal par rapport à une façon de penser traditionnelle, mais je crois que nombreux sont les savants disposés à admettre que la plupart des résultats vraiment significatifs et intéressants, même dans des disciplines très expérimentales telles que la biologie, ont été obtenus à partir d'expériences qui ne coûtaient pratiquement rien.

S'il est donc vrai que l'inflation expérimentale de la science moderne a amené à un développement considérable de la production scientifique, il convient cependant d'admettre qu'une grande partie de cette production est, aujourd'hui, dénuée d'intérêt.

Il suffit de donner un coup d'œil sur des périodiques scientifiques comme *Nature* ou *Science*, pour se rendre compte du peu de conséquences à tirer des principaux résultats qui y figurent. De ce point de vue, l'expérimentation à outrance a conduit à une dévaluation totale du « fait » scientifique. A force de procéder à des expériences faiblement motivées, la recherche scientifique finit par perdre de la valeur et il est probable que, sous peu, la communauté n'acceptera plus de subventionner des recherches qui ne seraient motivées ni pratiquement ni théoriquement.

Pour reprendre le mot de Lénine, alors, « que faire ? »

Il faudrait. comme dit Habermas, revenir à l'idée selon laquelle à côté de la vérité proprement dite d'un résultat on doit aussi considérer son *intérêt.*

C'est la fameuse formule que j'ai utilisée tant de fois : « Ce qui limite le vrai n'est pas le faux, mais l'insignifiant ! » Et la science moderne, au point où elle en est, est un torrent d'insignifiance proprement dit.

Vous êtes donc d'accord sur la « prolifération de théories » souhaitée par Feyerabend[11] *?*

Oui, à condition que cette *prolifération* ne soit pas trop coûteuse. Il faut bien sûr reconnaître que certains secteurs de la recherche expérimentale coûtent très cher par nécessité. Les recherches sur les hautes énergies et sur les particules élémentaires, par exemple, demandent la réalisation de situations extrêmes, tout à fait marginales, où l'on applique une énorme concentration d'énergie en un volume très petit. En ce cas, le problème est de savoir si les connaissances qu'on espère tirer de l'étude de ces conditions extrêmement marginales méritent tout l'effort qu'on leur consacre.

Les spécialistes répondraient immédiatement que oui...

Bien sûr : les spécialistes sont évidemment unanimes quand il s'agit de dire que leurs recherches servent à « pénétrer toujours plus au fond » dans l'énigme de la matière et de la radiation, et qu'elles permettent d'espérer en savoir plus sur leur comportement et sur leur constitution... mais une telle attitude procède d'un postulat difficile à démontrer : l'étude de conditions toujours plus marginales, toujours plus extrêmes, conduit à une meilleure compréhension de la situation normale. C'est là un postulat vraiment très difficile à soutenir, et je me demande effectivement si cela vaut la peine de continuer à insister d'une façon aussi obstinée dans l'étude des particules élémentaires et des hautes énergies.

Faudrait-il souhaiter plus de liberté théorique ?

Indubitablement, un certain « abandon » vers les considérations théoriques, la spéculation théorique, la prolifération des idées plus que celle des expériences, présenterait, tout au moins, l'avantage de ne pas être coûteux : passé un peu de temps, la pensée spéculative pourrait produire des idées qui conduiraient à des applications intéressantes également du point de vue pratique et expérimental. A mon avis, une certaine « redistribution » de l'orientation de l'activité scientifique serait donc très certainement utile, car, au cours de ces dernières années, elle a trop été canalisée vers l'expérience concrète. Sous cet angle, la distinction traditionnelle entre les buts de la science et les buts de la philosophie pourrait également s'en trouver nuancée, dans une certaine mesure. En fait, une recherche à caractère théorique pourrait avoir en même temps des implications scientifiques et philosophiques. Et en retour, pourquoi la spéculation philosophique ne pourrait-elle donc pas s'inspirer de techniques à caractère scientifique ?

Par exemple ?

On pourrait prendre pour exemple l'argument du premier

moteur d'Aristote et d'autres cas qui cependant précèdent le divorce historique entre science et philosophie. Dans les années futures, le problème consistera à combler ce retard. Il est assez curieux qu'aujourd'hui les philosophes mettent l'accent presque exclusivement sur les méthodes de la logique formelle : il y a d'autres méthodes scientifiques qui pourraient être considérées et c'est justement dans une telle optique qu'il faudrait reprendre certaines spéculations de linguistique, de sémantique ou de la grammaire universelle. A ce propos, on pourrait dire que ce n'est ni de la philosophie ni de la science : ce n'est pas de la philosophie parce qu'elle utilise des techniques à caractère scientifique, ce n'est pas de la science parce qu'elle n'est pas contrôlable par l'expérience.

Nous avons déjà parlé du contrôle empirique et, d'une façon plus générale, du rôle de l'expérience dans le cadre de l'activité scientifique, lorsque l'on a souligné combien l'intérêt d'une théorie était plus important, sous certains aspects, que sa « confirmation » empirique : mais en quoi consiste cet intérêt, d'après vous ?

A propos de la tendance à minimiser le rôle de l'expérience et pour ce qui concerne la question de l'intérêt, j'ai déjà soutenu par ailleurs que nous avons, par exemple, une connaissance implicite des grandes lois de la mécanique. Notre organisme est construit d'une manière telle que chaque fois que nous agissons spatialement avec nos muscles et nos os, nous satisfaisons automatiquement les lois de la mécanique dont nous avons, par conséquent, une connaissance implicite. En réalité cependant, le problème consiste à passer de ces connaissances implicites à une connaissance explicite. De ce point de vue, la recherche scientifique peut donc être considérée comme une espèce de « dévoilement » des structures qui existent déjà à l'intérieur de nous-mêmes : une sorte de psychanalyse...

Le malheur c'est qu'en général, la connaissance explicite est entravée par des mécanismes qu'en termes psychanalytiques nous pourrions appeler « mécanismes de censure ». L'introspection simple ne peut libérer ces structures implicites sans résistance. L'expérimentation, en revanche, pourrait avoir un rôle important dans le fait de permettre, à travers le conflit avec la donnée expérimentale extérieure, d'abattre la censure qui nous empêche de voir nos propres structures. Pour cela, une expérience sera d'autant plus intéressante qu'elle nous mettra en mesure de refouler ces censures.

Par exemple ?

Prenons la fameuse expérience d'Archimède. C'est en restant dans sa baignoire, avec son corps comme unique instrument, qu'Archimède[12] a pu découvrir une loi fondamentale de la statique : il s'est rendu compte, par l'observation associée à la réflexion, que l'on est beaucoup moins lourd dans l'eau que dans l'air. Dans ce cas, il ne procéda pas uniquement par introspection, mais en y associant plutôt une situation expérimentale particulière, à travers laquelle il pratiqua sa généralisation. Or, la grande faiblesse de la pensée philosophique traditionnelle tient justement au fait qu'elle veut toujours se limiter à des méthodes d'introspection ou d'autoréflexion pure, qui sont toutefois arrêtées par une sorte de « mur » de censure qui nous empêche de comprendre notre propre structure. Pour la même raison, nous ne sommes conscients des mécanismes de la digestion ou des battements du cœur que dans des conditions pathologiques. Alors, en un certain sens, l'apport de l'expérience *externe,* quand elle est significative, consiste précisément à rendre possible une expérience *interne* qui apporterait de nouvelles informations sur notre structure et nos possibilités de connaître.

Une conception du rôle de l'expérience assez différente de la position positiviste traditionnelle...

Selon moi, la conception positiviste présente un désavantage grave : elle risque de tomber dans l'insignifiance ! Si on se limite à décrire la réalité, on ne rencontre aucun obstacle. Mais le problème n'est pas de décrire la réalité, le problème consiste bien plus à repérer en elle ce qui a de sens *pour nous, ce qui est surprenant dans l'ensemble des faits.* Si les faits ne nous surprennent pas, ils n'apporteront aucun élément nouveau pour la compréhension de l'univers : autant donc les ignorer !

Les expérimentalistes à outrance pourraient répliquer que, à force de raffiner les recherches, on peut espérer tomber enfin sur un élément surprenant...

Oui, mais il faudra alors être en mesure de le reconnaître,

à savoir, d'en saisir le caractère surprenant, ce qui n'est pas possible si on ne dispose pas déjà d'une théorie. Moi-même, je suis étonné de voir comment, par exemple, les biologistes réagissent face aux questions de biologie moléculaire. Le comportement des macromolécules est quelque chose d'extraordinairement surprenant, et pourtant, quand on lit ce que les biologistes publient ordinairement, on a l'impression qu'ils le trouvent on ne peut plus naturel. Dans la duplication de l'ADN, dans la façon qu'a la double hélice de se scinder et les deux filaments de se séparer pour aller ensuite dans deux cellules distinctes[13], etc., dans tout cela ils ne voient que le travail des enzymes avec lesquelles ils croient tout expliquer. Mais les choses ne se produisent pas ainsi, car si deux enzymes ont des actions différentes, il faut savoir que l'une opère à un moment et l'autre à un autre. En d'autres termes, tout le problème de l'organisation spatio-temporelle de ces processus est passé sous silence du fait de cette « mythologie enzymatique ». Donc, en raison des conceptions insuffisamment théoriques dont ils disposent, les biologistes n'ont pas conscience du caractère surprenant de ces mêmes processus... et par ailleurs, comme je le disais précédemment, le caractère surprenant des faits n'apparaît qu'à condition que l'on ait une théorie qui attire l'attention sur eux. Mais il me semble que nous avons assez parlé de cela. Je voudrais maintenant passer à certaines applications de la théorie des catastrophes que je trouve particulièrement « intéressantes » dans le sens que je viens d'expliquer...

Du reste, c'est justement la frontière des applications les plus audacieuses qui contribue le mieux à mettre en lumière certains traits généraux d'un « paradigme » surtout s'il est très controversé...

Je voudrais donner un premier exemple tiré de la géologie. Là aussi, la distinction entre approche « réductionniste » et « structurelle », dont nous avons déjà parlé[14], est valable. Si une longue tradition — d'Aristote à d'Arcy Thompson — a proposé d'expliquer les formes du vivant à l'aide d'archétypes de nature abstraite, il est également vrai qu'en géophysique, en tectonique, en géomorphologie, une approche de ce type ne serait pas dénuée d'intérêt.

Récemment (en 1978), j'ai publié quelque chose sur la tectonique des plaques[15], où j'ai interprété les lignes de discontinuités de la cinétique de l'écorce terrestre comme un lieu de catastrophes, en donnant un principe assez semblable à celui des catastrophes élémentaires.

En particulier, j'ai proposé une théorie du volcanisme qui permet d'expliquer la présence de volcans sur les frontières *entre* deux plaques (et aussi à *l'intérieur* des plaques, ce qui paraît plus difficile !).

Il s'agit d'une intrusion d'une méthodologie qualitative dans un domaine qui est souvent traité en termes de modèles quantitatifs..

Certes. Beaucoup de chercheurs visent une explication globale et exhaustive du globe terrestre, avec une évaluation quantitative « précise » de paramètres tels que la pression, la température, la composition chimique du magma, sa viscosité, etc., et nombreux sont les savants qui expliquent les effets de tel ou tel autre agent érosif sur tel ou tel autre agent minéral en utilisant des modèles mathématiques très raffinés. D'autres, cependant, sont moins ambitieux : ils s'efforcent de classer les accidents morphologiques observés en une sorte de taxonomie qui ne recule pas devant des phénomènes de convergence : le même accident morphologique peut être observé dans les substrats les plus différents (par exemple : le triple point entre plaques se voit dans la disposition en cellules des sols polygonaux dans un milieu périglaciaire justement comme entre les cellules d'un épithélium en biologie !). Face à ces accidents de nature « ubiquiste », il convient, selon moi, de remonter au type analogique des mécanismes qui les engendrent.

Ne retrouve-t-on pas ici également le dilemme de toute morphologie, le problème de la causalité ? Les accidents morphologiques observés ont-ils vraiment un rôle causal dans l'évolution globale du processus ou ne sont-ils pas plutôt de simples symptômes imposés par les contraintes de la situation globale ?

C'est le grand dilemme de la physique (interprétation de la matière et des radiations en rapport avec l'espace), de la biologie (les organes sont souvent créés par une situation locale comme dans les phénomènes de régénération, alors que dans d'autres circonstances l'intégrité fonctionnelle des organes est indispensable au maintien de l'équilibre organique), etc. Il convient donc d'être très prudent avec la causalité : la notion de cause est une notion trompeuse, intuitivement elle paraît claire alors qu'en réalité elle est toujours faite d'un réseau subtil d'interactions. L'approche « structurelle », je dirais presque « platonicienne », essaye de réintroduire la causalité toutes les fois qu'elle parvient à se forger une idée quelconque sur les mécanismes sous-jacents aux phénomènes, tout en restant très prudente : à moins d'y être obligée, elle considère la morphologie empirique telle qu'elle est, sans avoir recours à une théorie causale *extérieure* au domaine empirique donné ou à des « atomes » appartenant à un niveau d'organisation *plus petit*. A l'inverse, les réductionnistes sont des gens pressés : ils veulent prédire immédiatement, et donc « localiser » la cause pour agir sur elle...

La référence à des « archétypes » en embryologie comme en géologie résonne un peu comme un défi lancé à la rationalité contemporaine. Ne revient-on pas, après avoir tant parlé de la « rupture épistémologique » de Galilée, Descartes, Newton, à une sorte de « philosophie de la nature » ?

C'est justement avec Goethe et les *Naturphilosophen* qu'est apparue cette tendance à désigner du terme « archétype » l'image originelle (*urbild*) de structures complexes concrètes réalisées dans le monde organique (la patte, l'aile, la feuille, etc.) comme dans le monde inorganique. Mais chez des auteurs comme G. Jung les archétypes ont presque été traités comme des individus doués de subjectivité !

Aussi est-il clair que si nous souhaitons redonner à la notion d'archétype un statut scientifique, il faut avant tout la définir dans des situations simples, plutôt abstraites... Aristote disait, qu'au cours de leur développement embryologique, les structures se développent de l'abstrait vers le concret...

Voyons quelques exemples.

Voici un cas assez typique. La majeure partie des animaux présente une embryologie « triploblastique », c'est-à-dire, en bref, que leur développement s'effectue à partir de trois feuillets fondamentaux : endoderme, mésoderme, ectoderme[16]. L'endoderme donne lieu à la muqueuse intestinale et à différentes glandes digestives telles que le foie ;

le mésoderme constitue les os, les muscles, le sang, le cœur, le système vasculaire et les organes de sécrétion ; l'ectoderme donne son origine à la peau, les organes sensoriels et le système nerveux. Je suis tenté d'identifier cette structure ternaire de l'embryologie, rencontrée plus particulièrement chez les vertébrés, avec la structure ternaire — sujet, verbe, objet — de la phrase transitive, type « Le chat mange la souris ». Puisque le mésoderme construit les os et les muscles, son identification avec la catégorie grammaticale du verbe est immédiate : en revanche, il y a une certaine ambiguïté pour ce qui concerne la correspondance entre sujet/objet et endoderme/ectoderme, mais, finalement, il me semble légitime de faire de l'endoderme le sujet, en assimilant chaque action à une prédation : c'est la muqueuse intestinale, d'origine endodermique qui assimile la proie après digestion ! D'autre part, l'association objet (proie)/ ectoderme est justifiée par le fait que l'ectoderme fabrique le tissu nerveux : or, chez les vertébrés, le système nerveux est un organe qui, pour ainsi dire, simule l'état du monde extérieur et contient, en tant que modèles, les formes des proies.

Il s'agit donc, de toute façon, d'une métaphore...

Oui, mais d'une métaphore qui apporte du sens. Par exemple, elle peut permettre une embryologie comparée des vertébrés et des insectes. Chez les insectes, il n'y a pratiquement pas d'endoderme. La structure ternaire de la syntaxe sujet-verbe-objet doit ici s'identifier au début avec ectoderme-mésoderme-vitellus[17]...

Comment interpréter cette différence ? Selon moi, il faut percevoir là un changement total de stratégie en matière de régulation. Alors que l'insecte se renferme dans sa carapace, d'origine ectodermique sans composante mésodermique, comme en signe de refus du monde extérieur — un peu comme s'il était atteint d'une sorte de complexe « ligne Maginot », le vertébré, lui, fait preuve d'une « philosophie de la vie » tout à fait différente : il consacre la partie principale de son tissu périphérique (ectoderme) à la simulation du monde extérieur. La paroi qui le sépare de l'extérieur, la peau, a une composante mésodermique : sa peau est donc la frontière fluctuante, continuellement régénérée, où se déploie le conflit entre organisme et monde extérieur...

Avec Goethe et Geoffroy Saint-Hilaire[18], *nous devons donc conclure qu'il existe un plan général de la nature ?*

Un plan, non pas *le* plan. L'idée d'un plan général de l'organisation conserve aujourd'hui toute sa validité, mais il nous faut abandonner l'idée d'unicité d'un tel plan. Les grands plans de l'organisation animale correspondent à de grandes options de la régulation du vivant. Cette régulation permet à l'animal d'être de par soi-même quelque chose d'autre : c'est ce qu'on appelle la contrainte d'*aliénation primitive.*

Chez les insectes, cette contrainte joue un rôle très secondaire, mais chez les vertébrés elle s'impose immédiatement et atteint son maximum chez l'homme. En fait, la conscience est toujours conscience non pas de l'*ego*, de ce phantasme philosophique, mais d'une chose extérieure, localisée dans l'espace et dans le temps.

Ainsi, en renversant une tendance solidement établie, l'explication redevient « analogique »...

Bien sûr. Dans un certain sens, je crois que la théorie des catastrophes pourrait être entendue comme une première systématisation, assez générale, de l'analogie...

Donc, une théorie de l'analogie, peut-être la première après Aristote...

C'est ce que j'ai dit en de nombreuses occasions et c'est une affirmation qui m'a été très reprochée par Smale dans un de ses articles ; je pense toutefois qu'il s'agit là d'un point de vue défendable historiquement. Après Aristote, il n'y a pas eu de théorie de l'analogie proprement dite, alors que la théorie des catastrophes permet d'embrasser l'analogie dans de très nombreuses formes. Par exemple, l'analogie sous-tend, dans un certain sens, les catégories et les fonctions grammaticales : en effet, lorsqu'on définit les grandes catégories grammaticales, comme le nom ou le verbe, ce qui crée l'unité des catégories c'est justement un certain type d'analogie. En général, le verbe va décrire un processus dans le temps et le nom, lui, un objet atemporel. Déjà, dans la définition des grandes catégories grammaticales, il s'opère donc une certaine théorie de l'analogie que je m'efforce d'expliciter, *en rendant*, là où c'est possible, conscient ce qui opère d'une façon non consciente dans les mécanismes de l'analogie. Je continue à m'occuper de ces problèmes et également de problèmes de linguistique générale, mais j'avoue ne pas beaucoup progresser dans cette direction, car le problème n'est pas simple. J'ai proposé aux linguistes des idées que je trouvais très intéressantes, mais je n'ai pas réussi à convaincre les spécialistes. *A priori*, je pensais que les linguistes étaient plus réceptifs que les biologistes, mais j'ai été déçu, tout au moins en France (à l'étranger, cependant, les choses se sont passées autrement).

Pourquoi ? Que pensez-vous des linguistes français ?

En France, la situation de la linguistique, surtout d'un point de vue sociologique, est vraiment désastreuse ! Il y a une myriade de petites « chapelles » : les chomskiens, les fonctionnalistes et ainsi de suite... Des paroisses qui ont leurs propres revues où sont publiés des articles dans le seul et unique but de démolir les thèses des « sectes » rivales. Le pire c'est qu'en réalité tous sont d'accord sur les questions de fond, les différences consistent uniquement en des points concernant la terminologie ou les notations. Cette situation témoigne du fait que la linguistique, quelles que soient ses prétentions à la scientificité, ne s'est absolument pas consolidée dans ce sens.

J'ai toujours été surpris par ce caractère « féodal » de la majeure partie des sciences humaines. C'est une situation qui n'est pas le moins du monde comparable à celle des mathématiques : dans ce domaine, heureusement, il n'y a aucun féodalisme ; bien sûr, il existe des rivalités entre les différentes spécialités, mais elles n'ont pas ce caractère de « lutte organisée » typique des sciences humaines.

Quelles raisons spécifiques, selon vous, expliqueraient le rejet de vos théories de la part de ce « nouveau féodalisme » ?

La situation est assez semblable à celle des biologistes dont nous parlions tout à l'heure et je crois même que les raisons sont les mêmes. Les biologistes s'intéressent aux mécanismes visibles, aux *mécanismes de surface* — même s'il peut sembler étrange de parler des chromosomes ou de l'ADN comme de mécanismes de surface. De façon analogue, les linguistes s'intéressent à la morphologie linguistique telle qu'elle apparaît à l'analyse immédiate. Mais les structures dites « structures profondes », même dans la théorie transformationniste, ne sont pas si profondes qu'on le croit ! Ce ne sont que des classes d'équivalence entre structures de surface, à travers des transformations relativement banales. Ce qui, en revanche, serait beaucoup plus intéressant à mettre en évidence, selon moi, c'est la dynamique génératrice des structures profondes... tout comme en biologie, il serait intéressant de mettre en évidence les processus dynamiques qui engendrent les morphologies biochimiques étudiées par les biologistes.

Mais là, il manque un équipement conceptuel adéquat. Je pense qu'il s'agit d'une question de temps ; il est normal que les idées rencontrent des difficultés en faisant leur chemin !

Vous excluez donc des convergences, supposons, avec les chomskiens, sur des points spécifiques de la grammaire transformationnelle.

D'une manière générale, j'accepte les formalismes des grammaires transformationnelles, même si je n'en partage peut-être pas la présentation.

C'est une question de technique : dans une phrase transitive du type sujet-verbe-objet, la grammaire transformationnelle classique va distinguer un syntagme qui correspond au sujet et un syntagme verbal qui se décompose en verbe et objet. Bien. Je pense que ce type de décomposition est assez arbitraire. Je suis d'accord avec Tesnière pour dire que le sujet et l'objet sont des entités de même nature ; ils jouent des rôles qui peuvent être asymétriques par rapport au verbe et qui, cependant, conduisent à les mettre d'une certaine manière sur le même plan face au verbe. Pour cela, subordonner l'objet au verbe d'une façon beaucoup plus stricte que le sujet me semble être plutôt arbitraire. Dans cette manière de procéder, je crois qu'il y a un reliquat du vieux logicisme consistant à dire qu'une proposition résulte de l'attribution d'un prédicat à une substance. Quand on dit par exemple : « Pierre bat Paul », on paraphrase en « Pierre est battant Paul », transformation qui ne me semble pas du tout justifiée. Je pense en revanche que le verbe « battre » est un verbe exigeant un sujet et un objet et il n'y a aucune raison de penser qu'il y a là un prédicat global qui qualifie le nom « Pierre ».

Dans la logique formelle, il y a cependant des théories, des relations qui semblent adaptées dans ce but.

Bien sûr, on peut penser qu'un verbe définit quelque chose comme une relation, mais alors le problème consiste à comprendre pourquoi ces relations sont aussi limitées quant au nombre de places qu'elles régissent. Dans les années cinquante, Tesnière[19] avait proposé une théorie par laquelle il avançait que chaque verbe a une valence : certains verbes ont une valence zéro : les impersonnels (comme « il pleut ») ; d'autres sont univalents, un sujet et aucun complément (comme « courir ») ; il y a des verbes bivalents (comme d'autres sont univalents, un sujet et aucun complément d'attribution relatif (comme « donner », etc.). Avec cette notion de valence, Tesnière était en mesure de classer les types syntactiques des verbes d'une façon très raisonnable. Je suis d'accord avec sa théorie et je pense que les relations décrites par les verbes sont associées à des morphologies spatio-temporelles bien définies, qui peuvent se justifier en termes de catastrophes élémentaires.

De plus, leur stabilité interne même peut être justifiée du point de vue des catastrophes. Bien sûr, l'univers linguistique a sa propre spécificité, il est différent du monde physique.

Cependant, cette façon de voir les choses est assez satisfaisante car elle amène à une bonne théorie de la déclinaison, des cas.

On peut penser qu'il existe une théorie universelle de la déclinaison comportant, mettons, un certain nombre de cas fondamentaux (généralement au nombre de sept), éventuellement modulés par des considérations localisantes qui, dans certaines langues, permettent de construire un plus grand nombre de cas. Dans des langues caucasiennes, par exemple, il paraît qu'il y en a une cinquantaine (mais ce serait un abus de mettre cet exemple à la base de la définition des cas !). Il s'agit plutôt de modulations superficielles de cas fondamentaux qui se trouvent dans les langues indo-européennes : nominatif, accusatif, datif, génitif, ablatif, instrumental et locatif. Il peut sans doute paraître un peu égocentrique de présenter les choses de cette manière, mais je suis convaincu qu'il y a réellement quelque chose de fondamental dans cette liste. Une fois donnée cette théorie de la déclinaison verbale, il reste à voir si, de fait, elle permet le développement d'une théorie de l'analogie.

La première définition aristotélicienne de l'analogie est une proposition à quatre termes, du type de la proposition mathématique : A/B = C/D.

Prenons justement un exemple simple, l'analogie aristotélicienne[20] sous forme de proportion :

$$\frac{\text{vieillesse}}{\text{vie}} = \frac{\text{soir}}{\text{jour}}$$

On peut la concentrer dans la métaphore : « La vieillesse est le soir *de la* vie. » La relation qui lie les termes de cette proportion est une relation à caractère verbal, liée au verbe « finir » : la vieillesse est la *fin de la* vie et le soir est la *fin du* jour. On a ici une relation exprimée grammaticalement à l'aide d'un génitif qui, d'une certaine manière, contient implicitement le verbe *finir*. Par ailleurs, il est connu qu'un génitif contient une liaison verbale implicite, comme l'a démontré Emile Benveniste[21]. Dans le cas particulier de cette proportion aristotélicienne, le verbe implicite est « finir », verbe à l'évidence associé aux catastrophes élémentaires... De ce point de vue, j'estime que les grands cas qui apparaissent dans la déclinaison peuvent être associés à certaines trajectoires dans le déploiement des catastrophes élémentaires, trajectoires qui présentent en même temps des propriétés de stabilité et de spécificité liées à des liaisons linguistiques.

Dans l'exemple cité, l'analogie porte sur le concept de fin, de mort. Comment peut-on en donner une géométrisation ?

Nous pouvons représenter géométriquement ce concept avec l'extrémité (ou *bord*) d'un segment reporté sur l'axe du temps. On a alors une entité géométrico-algébrique (le bord défini sur la partie négative de l'axe 0 x par l'inégalité $x \leqslant 0$) placée sur deux substrats différents, d'une part la vie, de l'autre le jour, sous forme de temps.

Selon moi, une vaste classe d'analogies peut être représentée ainsi : un être géométrico-algébrique — un *logos*, un « archétype » si vous voulez — est placé sur deux substrats différents ; il définit ainsi une répartition des espaces substrats en domaines qui définissent linguistiquement des « actants » : les dispositions respectives de ces actants sur deux substrats s'avèrent alors géométriquement isomorphes. C'est ce dernier fait qu'exprime justement l'analogie.

Donc, qu'est-ce qu'un logos *?*

C'est essentiellement une situation dynamique de conflit entre actants qui doivent se répartir un espace substrat. Toute morphologie est le résultat d'un conflit.

J'ai proposé que l'on voie dans les structures syntactiques du langage (la structure en arbre de la grammaire générative) une image, simplifiée et appauvrie, des interactions dynamiques les plus usuelles sur l'espace-temps. Le langage se trouve ainsi réduit au résultat d'une intrusion dans le microcosme, à travers une sorte de miroir-filtre simplificateur, des conflits les plus habituels qui se développent dans le macrocosme.

Le but de la théorie des catastrophes consiste alors à classer ces *logoi*, c'est-à-dire tous les types possibles de situations analogues. Mais je dois dire tout de suite que pour l'instant nous n'en sommes qu'à l'ébauche d'un programme : les seuls *logoi* archétypes assez connus sont ceux des catastrophes élémentaires, associés à ces êtres algébriques relativement simples que sont les singularités isolées d'un potentiel qui se déploient sur un espace substrat.

Ces archétypes correspondent toujours à la catégorie grammaticale du verbe (comme le verbe « finir » dans l'exemple d'Aristote rappelé précédemment). Mais certaines analogies font en revanche appel à la catégorie linguistique du substantif, comme c'est le cas dans la très célèbre analogie de Spencer qui assimile la *société* à un *organisme vivant*[22].

Dans une situation de ce genre, le problème qui se pose est de voir clairement pourquoi ces substantifs ont, pour ainsi dire, des mécanismes de régulation, dans une certaine mesure comparables entre eux.

Selon moi, un substantif correspond mentalement à un concept ; or, un concept doit être considéré comme une sorte d'être vivant, un organisme qui vit, qui a un certain corps dans l'espace sémantique. Ce « corps » a une frontière et le concept a des mécanismes de régulation d'homéostase, qui lui permettent de résister aux « agressions » des concepts environnants. En général, ce sont justement ces mécanismes qui sont décrits par les verbes et c'est l'ensemble de ces processus de régulation qui permet de définir la nature sémantique du concept. Plus précisément, la nature sémantique du concept, c'est-à-dire sa signification, provient et de la totalité des mécanismes de régulation du concept, et de la nature de l'espace substrat qui est un espace sémantique spécifique.

Donc, pour définir la signification d'un concept, il faut en donner son espace substrat — dans la totalité des espaces sémantiques que notre esprit est capable de contenir — et l'ensemble des mécanismes de régulation agissant dans cet espace substrat. On peut alors dire que, bien que disposés dans des espaces sémantiques différents, deux concepts présentent une analogie si leurs mécanismes de régulation sont isomorphes ou s'ils font appel à des structures isomorphes. C'est évidemment ce qui se passe dans le rapprochement de Spencer : organisme-société auquel je faisais allusion plus haut. Dans ce cas, les analogies sont assez évidentes : l'*organisme*, par exemple, règle sa forme spatiale par régénération tout comme la *société* maintient ou essaye de maintenir son territoire contre les agressions d'éléments extérieurs. Il y a aussi des analogies sur le plan de l'organisation interne : de même que l'organisme est constitué d'organes distincts, dotés chacun d'une fonction propre, de même une société présente, en général, une structure subdivisée en classes ayant chacune une fonction économico-politique différente et ainsi de suite.

Jusqu'à quel point peut-on pousser une analogie de ce genre ?

Il y a des limites. Par exemple, un organisme vivant se reproduit spatialement, alors qu'une société ne se reproduit pas systématiquement. L'analogie existe donc, mais il est très difficile de l'expliciter, tout au moins en l'absence d'une description suffisamment précise de la totalité des mécanismes de régulation des concepts. Et c'est là qu'apparaît, dans toute son ampleur, le problème de la sémantique. A mon avis, ce problème est double : il faut avant tout élucider la nature des espaces substrats qui contiennent les concepts et en deuxième lieu, il faut être en mesure de spécifier comment se génèrent, comment se construisent les structures de régulation qui assurent l'homéostasie de ces concepts. C'est évidemment un problème immense, mais si l'on veut attaquer le problème de la sémantique, on ne peut échapper à des questions de cet ordre : un jour ou l'autre, il faudra en passer par là !

Entre parenthèses, l'épistémologie aussi devra en passer par là. Qu'il nous suffise de penser au rôle de l'analogie dans la découverte scientifique !

En effet, mais beaucoup de savants se méfient des analogies qu'ils considèrent tout au plus gratuites ou trop audacieuses ! D'autres, comme K. Lorenz, n'hésitent pas à dire, au contraire, que d'une manière ou d'une autre toute analogie est vraie par définition. Alors, quelle est la réponse ? A mon avis, une fois formalisée, c'est-à-dire rapportée à un *logos*, une analogie est nécessairement vraie. Mais, à ce point on en tire bien peu de chose, si ce n'est la possibilité de métaphores plus ou moins poétiques. Mais si, en revanche, l'analogie ne peut pas être formalisée, elle est nécessairement conjecturale et audacieuse. Raison pour laquelle, justement, elle peut amener à des conséquences nouvelles et imprévues. On n'a cependant aucune certitude quant au fonctionnement de l'analogie : ou bien elle est vraie et alors elle s'avère stérile, ou bien elle est audacieuse et alors elle peut être féconde. Ce n'est qu'en courant le risque de l'erreur qu'on peut trouver la nouveauté.

Mais revenons à cette science-non-science qu'est la linguistique, et même à la grammaire universelle...

Pour ce qui concerne la grammaire universelle, j'ai initialement proposé d'ordonner les catégories grammaticales selon certains paramètres continus comme, par exemple, la densité sémantique. Dans un de mes premiers articles, « sur la typologie des langues naturelles[23] », j'avais suggéré que l'on considère nom, adjectif, verbe, etc., comme des catégories ordonnables « par densité sémantique décroissante ». Dans un article suivant[24], également grâce à certaines observations de Hans Jakob Seiler de l'université de Cologne, j'ai acquis la conviction que toute systématisation de catégories grammaticales passe par un double système de paramètres qu'on doit pouvoir appliquer en un plan. C'est ce que j'ai appelé « la double dimension de la grammaire universelle » (fig. 12).

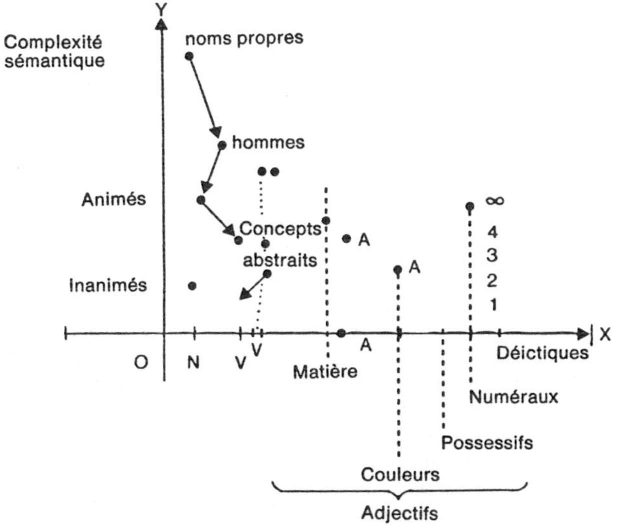

Fig. 12. — La double dimension de la grammaire universelle. N, V, A sont les abréviations respectives pour nom, verbe, adjectif.

Il peut être intéressant de comprendre quels sont les gradients qui y apparaissent : d'un côté l'axe O x, qui va de la *chose en soi* au *locuteur*, de l'autre l'axe O y, qui représente la complexité sémantique des concepts.

Sur l'axe O x sont donc représentés les aspects que le linguiste Kenneth L. Pike appelle respectivement *émique* et *étique* : l'aspect émique est celui de la chose en soi, alors que l'étique est celui de la chose telle que l'entend le sujet parlant. En bref, l'idée à la base de cet axe O x est celle-ci : un concept, comme je l'ai déjà dit, est une sorte d'organisme ayant sa propre régulation ; il défend sa signification contre les agressions du milieu à l'aide de mécanismes assez semblables aux mécanismes de régulation d'un être vivant. La signification d'un concept est donc quelque chose d'autonome, de temporellement invariablle et de non localisé. Toutefois, d'autres fonctions grammaticales présentent des caractéristiques opposées. Si l'on considère à titre d'exemple, les *déictiques* (ou démonstratifs) dans « cette table » ou dans « cet individu », il est clair que le mot *ce* est toujours idéalement accompagné par le geste ostensif : je dis « cette table » et la table se trouve dans le prolongement de l'index avec lequel j'indique l'objet. Donc, la signification de « ce » (et de formes grammaticales de même genre) n'est pas quelque chose de lié canoniquement au mot (comme cela se produit en revanche dans le cas du substantif), mais c'est plutôt une signification liée à une situation spécifique, à une *position* spécifique de notre corps, c'est donc quelque chose qui dépend de l'activité linguistique du sujet parlant.

Or, ces deux pôles constituent justement les extrêmes sur l'axe O x : à l'origine on a les noms, les substantifs qui ont une signification intrinsèque indépendante de l'activité du locateur ; à l'extrême, les déictiques dont la signification dépend de façon fondamentale de cette activité. Entre les deux extrêmes viennent se placer toutes les formes grammaticales intermédiaires, où les aspects émiques et étiques se combinent en une différente proportion ; les verbes qui ont généralement une signification intrinsèque et qui, cependant, sont temporellement localisés (en fait, comme je l'ai déjà dit, l'action verbale se développe dans le temps, c'est pourquoi elle est plus proche de la situation vécue par le sujet parlant) ; les adjectifs, qui mettent en jeu l'appréciation subjective du locuteur et qui, en général, sont susceptibles de gradations (dans de nombreux cas, une qualité peut être plus ou moins « marquée ») étant encore plus proches de l'activité immédiate du langage ; et puis les nombres, les articles et, enfin les déictiques. On pourrait également ajouter les copules logiques comme *ou* et *et*, dont la signification est purement combinatoire, liée à des situations linguistiques préexistantes, mais je crois que la disposition des formes grammaticales sur l'axe O x, qui va de la chose en soi au locuteur, est désormais assez claire.

Passons à l'axe O y...

L'axe O y représente la « complexité sémantique » des concepts. Un concept est d'autant plus complexe que des espaces fibrés les uns sur les autres sont requis pour sa régulation. Prenons en exemple un concept des plus complexes, le concept « homme ».

La régulation de l'homme, en tant qu'être vivant, nécessite

avant tout la régulation biologique — les activités physiologiques telles que dormir, respirer, boire, etc. ; au-dessus de cet espace physiologique, il faut ensuite considérer celui des activités mentales — telles que penser, méditer, croire, rire, pleurer, etc. Il est donc clair que pour organiser toutes ces activités on a besoin d'un grand nombre d'espaces qui, par ailleurs, sont très difficiles à définir.

« Homme » est, par conséquent, un concept extrêmement complexe et, pour exprimer toutes les significations qui lui sont associées, il faut utiliser un grand nombre de verbes. Au contraire, si l'on prend un concept extrêmement simple et abstrait tel que « unité », on voit tout de suite qu'il peut être décrit géométriquement à l'aide d'un puits parabolique de potentiel. Entre « homme » et « unité » il y a ensuite tous les autres concepts : à partir du concret, par exemple les noms propres, on descend vers l'abstrait : ce sont les deux extrêmes de l'axe O y.

Quel est donc, dans son ensemble, le sens de cette représentation O x, O y?

Aristote a défini deux types de prédications, *legetai tinos* et *einai en tini* : nos deux axes O x, O y sont directement liés à ceux-ci. La prédication du premier type n'apporte aucun nouvel élément d'information ; elle explicite plutôt la structure du langage : par exemple, il en est ainsi lorsque nous disons : « Paul est un homme » ou lorsque Aristote disait : « La grammaire est une science. »

Au contraire, si nous considérons une prédication du type « Le ciel est bleu », il est clair que dans ce cas nous attribuons un accident à la substance « ciel » et que donc une prédication de ce type a une portée ontologique, elle dit quelque chose sur la réalité.

Dans mon schéma général (fig. 12), ce dernier type de prédication peut être représenté par une flèche horizontale parallèle à l'axe O x, qui va de la chose en soi au locuteur. A travers une espèce de tunnel, car la chose en soi est située dans un cratère de potentiel et le locuteur dans un cratère situé à l'autre extrême. Le « tunnel » permettant de passer de l'un à l'autre est justement le prédicat : les prédicats sont des « seuils » qui font communiquer « la chose en soi » avec le locuteur, c'est pourquoi, le locuteur reçoit un *quantum* d'informations qu'il peut utiliser pour sa propre régulation. C'est donc là, en bref, mon schéma pour l'activité linguistique.

Le schéma que vous avez proposé pour les concepts du langage commun peut-il également fonctionner pour ceux du langage scientifique ?

Je pense que oui. Je dirais qu'il fonctionne aussi en mathématique, pourquoi pas ?

Des exemples ?

Prenons un exemple qui m'est cher, même s'il ne s'agit pas d'un concept mais d'une opération : l'addition arithmétique. Les logiciens ont défini l'arithmétique d'une manière inductive, au moyen de la définition axiomatique des successeurs de 1...

Le système de Peano...

Oui, le système de Peano[25]. Cependant, je pense qu'il s'agit d'une présentation artificielle. La définition de l'addition, comme moi je l'entends, correspond à la situation où on a la catastrophe élémentaire de capture d'un puits de potentiel par un autre, comme dans la fronce. Dans chaque puits de potentiel, il y a des objets que l'on peut considérer comme solides dans ce sens qu'ils ne peuvent pas se mélanger. Dans le processus de capture, les objets contenus dans un puits de potentiel tombent dans l'autre et il ne reste plus qu'à compter le nombre des objets que l'on a après la capture. C'est un peu ce que l'on enseignait autrefois aux enfants : pour additionner les œufs contenus dans deux paniers, on verse le contenu de l'un dans l'autre. Tout est là : on définit l'addition en ayant recours à un processus fondamentalement continu et ce n'est qu'artificiellement que l'on en fait une opération définie d'une manière abstraite et discrète. Le processus générateur sous-jacent est continu. Par ailleurs, cela n'est pas valable uniquement pour l'addition. En général, je crois que les seules structures mathématiques intéressantes, dotées d'une certaine légitimité, sont celles ayant une réalisation naturelle dans le continu : de même, selon moi, les structures discrètes ne sont intéressantes que dans la mesure où, d'une manière ou d'une autre, elles peuvent être immergées dans le continu. C'est ainsi par exemple que l'infini dénombrable a un sens, en dépit du fait qu'il s'agit d'un infini inépuisable, parce qu'on peut l'immerger canoniquement dans un segment de longueur finie : ce qui est très bien exprimé par les paradoxes célèbres des Éléates.

Prenons la série $\frac{1}{2} + \frac{1}{4} + \frac{1}{8} + \dots$ c'est-à-dire $\sum_{n=1}^{\infty} \frac{1}{2^n}$ qui converge notoirement vers 1. De cette manière, on obtiendra le segment limité [0, 1] ; on pourra immerger canoniquement l'infini dénombrable en un tel segment et, par conséquent, donner une justification à l'infini dénombrable.

Un point de vue totalement différent du point de vue traditionnel...

Je dirais même un véritable renversement... Selon le point de vue traditionnel, le continu se construit par complétion à partir du dénombrable ou au moyen du procédé de Dedekind[26]. Or moi, je pense l'inverse : c'est l'infini dénombrable qui est justifié par son immersion dans le continu.

Mais alors, l'opération consistant à compter est une opération qui a une structure continue...

Certainement. Et la meilleure preuve c'est qu'il s'agit d'une opération se déroulant dans le temps, et le temps est continu. Auparavant, on parlait de complexité sémantique, mais dans le cas des nombres cardinaux, la complexité sémantique de l'entier *n* est sa propre valeur, tout au moins du point de vue de l'échelle arithmétique normale. Bien sûr, la beauté de la théorie des nombres tient au fait que l'on peut substituer à l'échelle normale — 1, 2, 3, 4, etc. — beaucoup d'autres ordres différents, comme par exemple le nombre de facteurs premiers ou d'autres de ce genre. D'autre part, toute la théorie des nombres tourne autour des relations entre les différents types d'ordre que l'on peut attribuer aux entiers.

Même dans ce cas, je suis convaincu que les structures les plus discrètes sortent d'une espèce de génération continue sous-jacente. Du reste, cela se voit très bien dans des théories purement algébriques comme la théorie des groupes abstraits où on a des groupes plus ou moins étranges apparaissant comme des groupes d'automorphismes de figures continues

Alors, comment expliquez-vous cette tendance des mathématiciens à s'intéresser à la mathématique finie ?

Il ne me semble pas que, par exemple, la théorie des graphes (finis) ait beaucoup de poids à l'intérieur du *corpus* mathématique. Il suffit d'utiliser un des critères préférés de Dieudonné pour se rendre compte que le pourcentage des articles publiés sur la théorie des graphes est minime : je doute fort qu'il dépasse 1 %. De plus, ce qui m'a toujours frappé c'est que dans la théorie des graphes — et plus généralement dans ce qu'on appelle l'analyse combinatoire — il n'y ait pas de problème central.

Il y a plutôt une myriade de devinettes qui souvent ne sont rien de plus que des curiosités (comme le problème du voyageur de commerce ou celui des graphes hamiltoniens[27]). On n'arrive pas à comprendre s'il y a un principe générateur ; j'ai l'impression qu'il n'y en a pas du tout.

Mais alors, que pensez-vous de la mathématique combinatoire ?

Je pense qu'en mathématique combinatoire, il y a des problèmes intéressants, des problèmes légitimes et naturels[28]. Il suffit de penser aux problèmes qui émergent de la mécanique statistique : quand on veut étudier les collisions des molécules, leur configuration, on fait des statistiques, des graphes, et ce sont là, indubitablement, des considérations intéressantes.

Entre autres, il n'est pas exclu qu'il y ait des analogies assez profondes entre la théorie des singularités et certains problèmes de la théorie des graphes. Mais je ne pense pas qu'il faille ici s'attarder sur des questions techniques.

Cependant, graphes, réseaux et arbres vous intéressent maintenant à plusieurs titres...

Vous m'offrez là l'occasion de parler de certaines recherches que je n'ai jamais publiées et qui, pourtant, pourraient avoir des applications intéressantes.

Il s'agit de méthodes qui, étant donné un processus décrit linguistiquement, lui associent un graphe orienté. Plus précisément : dans un processus décrit linguistiquement, il y a des actants ; dans le processus spatio-temporel, chaque actant est une petite boule dans l'espace ; les interactions entre actants peuvent être décrites, comme des contacts entre ces petites boules[29]. Alors, si à tout instant, on contracte chaque petite boule en un certain nombre de points, il est possible de définir un grand graphe où il y a des zones de contact entre les systèmes liés par interaction, chacune desquelles correspond à un certain type d'interaction décrite par un verbe, tel qu'« aimer quelqu'un », « tuer quelqu'un », etc. J'ai avancé qu'il est possible d'associer des graphes aux verbes décrivant des processus spatio-temporels, et ces graphes, que j'ai appelés « graphes archétypes », sont en nombre fini : environ seize.

Sans entrer dans des détails, la chose intéressante c'est que l'on peut tenter d'appliquer ce type de technique à l'analyse du récit, à l'analyse des intrigues complexes. C'est ce qui m'a été proposé par un groupe de jeunes chercheurs : analyser les intrigues complexes, par exemple celles des feuilletons publiés en épisodes au siècle dernier : ces histoires dont on donnait un chapitre par jour et qui continuaient ainsi pendant des années ! L'intrigue se déroulait par épisodes et il fallait toujours inventer de nouveaux incidents pour que l'intérêt se maintienne. C'est justement à partir de l'analyse de ce type d'intrigue que j'ai essayé de construire un processus qui permette d'analyser les intrigues en termes de grand graphe. Chaque personnage correspond à une ligne du graphe et les interactions entre personnages sont décrites par les contacts entre les lignes. Alors, si l'on veut faire une analyse complète de ce type d'intrigue, il faut distinguer deux catégories de rapports entre les actants : les interactions circonstancielles, définies par les contacts auxquels je faisais allusion tout à l'heure, à savoir les relations temporelles locales décrites par le verbe ; les relations institutionnelles, comme par exemple les liens de parenté (Jean, fils de Paul), de domesticité ou d'emploi (Pierre, serviteur de Marc), et d'autres encore du même type.

Une fois cette distinction faite, on décompose le graphe ainsi obtenu en une famille de sous-graphes, dont chacun a une certaine autonomie sémantique en tant que récit : chaque graphe est une espèce de sous-histoire avec son indépendance propre par rapport au reste. Le schéma général de la sous-histoire est celui de la reconnaissance : deux individus se sont connus dans leur enfance, ils sont séparés par les circonstances de la vie, se perdent de vue et ne se retrouvent que longtemps après, mais sans se reconnaître. L'histoire s'achève sur la reconnaissance comme catastrophe finale.

Voilà le type d'intrigue élémentaire que l'on rencontre très fréquemment dans le feuilleton. Il s'agit donc d'en donner une typologie : on décompose l'histoire en un ensemble de sous-histoires, chacune desquelles étant une cellule narrative et toutes ces cellules constituent, métaphoriquement parlant, une grande plante qui se ramifie : à la base il y a les personnages principaux (lesquels, en général, sont les premiers à apparaître et les derniers à mourir), ensuite, à partir de la base, on élabore les actants secondaires par un processus de génération des cellules secondaires *qui sont liées entre elles par des liens institutionnels* (si par exemple Pierre est l'actant principal de la cellule A, la cellule A pourra donner son origine à la cellule B dont l'actant principal sera le fils de Pierre) jusqu'à arriver, en poursuivant avec notre métaphore, au feuillage de l'arbre qui constitue ce que j'appellerais la « couche extrémale » de l'histoire. Cette métaphore m'a été suggérée par les théories d'un botaniste de Montpellier, J.-F. Hallé, qui a proposé une classification de la morphologie des arbres en un certain nombre de types, en observant comment l'arbre atteint sa forme adulte par ramifications successives, jusqu'au moment où la sexualité, c'est-à-dire *l'apparition des fleurs,* en arrête la croissance. Eh bien, je crois que dans une histoire il se passe exactement la même chose : l'histoire s'arrête lorsque apparaissent les cellules (extrêmes) qui en contiennent, d'une certaine manière, le message. Ou mieux, l'histoire ne s'arrête pas ; mais reflue, en redescendant, si l'on peut dire, vers la cellule centrale d'où elle était partie.

Le même schéma est également valable pour le roman policier : un criminel produit des dégâts autour de lui à cause de son activité égocentrique ; il étend ainsi sa sphère d'influence dans la société et finit par se heurter à cette dernière qui, à la fin, le brise avec l'intervention de la police. Bien sûr, le roman policier peut être considéré comme une histoire morale du moment que la police a toujours le dessus, mais, à partir de ce message banal selon lequel la société l'emporte sur le déviant, il y a un autre message sous-jacent qui est donné par le méfait extrême accompli par l'assassin qui juste à ce moment-là met la société contre lui. Et c'est justement dans le conflit entre cette double moralité que réside l'attrait du roman policier.

De toute façon, il ne s'agit là que d'un essai...

La géométrisation de la signification dont vous avez parlé auparavant se relie alors à cette tentative ?

Il existe effectivement un lien. Une des grandes difficultés de la sémantique tient au fait que lorsqu'on veut analyser la signification, on perçoit le sens, *on est dans le sens* et donc, d'une certaine manière, *on est dans la signification* puisqu'on la sent signifiante. C'est justement la raison pour laquelle, pour parvenir à faire une analyse objective de la signification, une analyse scientifique, il faudrait pouvoir faire abstraction du sens. Tout comme nous pouvons avoir deux attitudes face à notre corps : d'un côté, nous pouvons le considérer comme le support de notre activité vitale, et de l'autre comme un objet de connaissance scientifique et, dans ce cas, nous sommes pour ainsi dire obligés de nous tuer, de nous soumettre au bistouri du chirurgien qui fera notre autopsie. La même chose doit être faite pour la signification : il faut l'objectiver comme un objet inerte. C'est justement là que réside le grand intérêt de la géométrisation de la signification. Dans la mesure où l'on peut géométriser les processus porteurs de signification, en les rendant inertes, ceux-ci peuvent être soumis à une combinatoire qui échappe complètement aux catégories traditionnelles du sens et c'est justement ce type d'analyse que permet la géométrisation associée à la théorie des catastrophes. Par exemple, on pourrait donner une description géométrico-algébrique du verbe « capturer », ce qui selon moi serait un notoire progrès conceptuel. Au fond, c'est cela également l'esprit de certaines modélisations de la théorie des catastrophes qui ont permis de géométriser une ample gamme de phénomènes et même de qualités affectives telles que l'agressivité, la haine, l'amour, etc.

Cependant, c'est justement sur cet aspect que les critiques se sont concentrées. Nombreux sont ceux qui considèrent comme inutile cette tentative de géométrisation, surtout dans le cas de qualités affectives ou de situations anthropomorphiques dont on a clairement conscience et dont, de toute façon, la théorie des catastrophes ne fournit pas un modèle quantitatif qui permette de formuler des prévisions.

En effet, c'est une critique que l'on m'a souvent adressée. Mais l'objection n'est valable que si l'on veut étudier les phénomènes isolés ; en revanche, elle n'a aucune valeur si on se place d'un point de vue philosophique consistant à tenter, comme je le disais avant, de s'abstraire du sens pour l'étudier objectivement. Dans une telle optique, je crois que la géométrisation des processus signifiants est extrêmement intéressante car elle permet de briser la « circularité sémiotique ».

En effet, pour briser cette circularité du signifiant, jusqu'ici on s'est contenté de dire qu'*un signe* se réfère toujours à un autre *signe* et que, par conséquent, il y a une « régression infinie » de signes, les uns par rapport aux autres.

Une sorte de schlechte unendlichkeit, de « mauvaise infinité » ?

Exactement. Mais c'est là une attitude que je ne partage pas. Je crois que la suite infinie a pour fin la localisation spatio-temporelle. Prenons une phrase simple du langage quotidien, telle que : « Voilà papa. » En une phrase de ce genre, constituée par un déictique (« Voilà ») et un nom (« papa »), le déictique réalise la localisation spatio-temporelle du nom, de l'actant auquel il se réfère. Et cela est également valable pour les phrases apparemment du type sujet-prédicat (ou substance-prédicat), comme « Le ciel est bleu. » Puisqu'en général les quantités sont susceptibles de gradations, c'est-à-dire qu'elles sont définies par des domaines dans les espaces sémantiques, il y a toujours, dans le contenu d'une signification, un élément de localisation spatiale ; et c'est justement en l'explicitant que nous réussirons probablement à comprendre les mécanismes — sémantiques et syntaxiques — qui sous-tendent toute l'activité linguistique. Ou du moins je l'espère.

Des exemples ?

Les adjectifs de couleur. Il est bien connu que ces adjectifs varient d'une communauté à l'autre : des études menées sur différentes langues ont démontré que les types d'organisation de l'espace sémantique des couleurs (comme on le sait, un espace de dimension 3 avec, dedans, le cercle de l'arc-en-ciel), décrites linguistiquement par les adjectifs, sont relativement limités. C'est un phénomène très intéressant : très probablement, les champs sémantiques associés à notre structure physiologique ont un nombre de modes d'organisation relativement limité. Très souvent, par exemple, on peut repérer des invariants dans les types de couleurs ; il y en a toujours pour représenter le sang ou la chlorophylle, etc. Bien sûr, c'est un domaine très vaste, mais je pense que si l'on faisait une analyse assez fine des processus de l'embryologie entendue non seulement comme construction de l'organisme mais aussi comme embryologie fonctionnelle, on pourrait suivre le déploiement successif des différentes fonctions de la maturation du système nerveux et des organes qui lui sont associés : on verrait alors, probablement, les espaces sémantiques se construire par exfoliation successive à partir d'un espace primaire et si l'on pouvait suivre ce développement pas à pas, on pourrait comprendre comment ces espaces sémantiques se construisent à la suite de l'organogène biologique, et comment ils se structurent à la suite de l'acquisition du langage.

Vous pouvez donner quelques éclaircissements ?

Chacun sait que pour qu'un enfant devienne normal intellectuellement il est nécessaire qu'il commence à parler entre un et trois ans, qu'il apprenne une langue. Cela peut être simplement dû au fait que, si l'on ne parle pas à un enfant de cet âge, les champs sémantiques s'exfolient, l'un à partir de l'autre, par des processus de nature embryologique, mais l'organisation de ces champs sémantiques en bassins d'attraction associés à des noms ne se réalise pas. Dans ce cas, l'enfant devient un *enfant loup*[30], avec des caractéristiques sensorielles et motrices très particulières. Par exemple, il paraît que des enfants de ce genre ont une sensibilité extraordinaire à certains bruits : le simple son d'une noix écrasée les fascine ! Cela est probablement dû à des phénomènes de compensation : le fait que certaines catastrophes ne parviennent pas à être nommées provoque une grande fascination sur le psychisme. Cet exemple clarifie les mécanismes qui sont à l'origine du langage. En fait, d'après ma théorie générale du langage, au début, l'animal est un organisme constamment fasciné par certaines formes du monde extérieur qui ont d'extraordinaires capacités de prégnance ; en particulier les formes de prédateur et de proie. A partir du moment où le prédateur est affamé, il a tendance à voir des proies partout ; c'est vrai chez l'animal mais aussi chez l'homme. L'homme a été capable d'échapper à l'attrait exercé par certaines formes extérieures qui l'amène à une espèce d'aliénation du psychisme à travers un processus à la fois d'extension et d'affaiblissement. Cela a donc donné de la prégnance à des formes qui, biologiquement, n'avaient aucun intérêt tout en réussissant par ailleurs à matérialiser, à incarner cette prégnance artificielle en un concept représenté par un mot du langage. En somme, je vois le langage comme la construction d'une sorte d'entité entre le *vrai moi* et le *moi extérieur (le moi autre)* qui est la proie (la proie est une entité aliénante du vrai moi) ; pour reconstruire le *vrai moi*, pour le maintenir en présence du *moi* aliénant du monde extérieur, le psychisme construit une barrière et cette barrière, c'est justement le langage. Du moment que l'on reconnaît un objet extérieur et qu'on peut lui associer un nom, son pouvoir aliénant cesse. Alors, la reconnaissance d'un objet est une façon de s'incarner en lui nous permettant, simultanément, de garder notre autonomie.

Je crois que l'origine du langage est justement ceci : un processus permettant de désamorcer le pouvoir de fascination des formes externes grâce à la construction de concepts.

Comment peut-on se faire une idée de l'origine du langage chez l'homme ?

Depuis que je m'intéresse à l'histoire des signes, à la « sémiotique », je commence à entrevoir le mécanisme à travers lequel le langage humain a pu se constituer, à partir du système de communication animal.

Il est en effet clair que la notion de « signifiant », de forme porteuse de sens, existe déjà chez l'animal.

Pourriez-vous préciser ?

Disons qu'une forme extérieure est « prégnante » pour un sujet, si la perception de cette même forme suscite en lui des réactions psycho-physiologiques de grande ampleur (comme la forme de la proie pour le prédateur affamé dont nous avons parlé tout à l'heure). Dans ce cas, les réactions se caractérisent par une attraction — ou, au contraire, par une répulsion permanente — à l'égard de la forme prégnante. Il convient toutefois de distinguer ces grandes prégnances biologiques, liées aux grandes régulations de l'être vivant d'avec le caractère immédiatement frappant d'un stimulus sensoriel, ce que certains physiologistes appellent la *saillance,* en anglais *salience.*

Cette saillance est liée au caractère abrupt, discontinu du stimulus (par exemple, un flash lumineux). Là, les réactions neuro-physiologiques sont immédiates et d'assez grande ampleur, mais elles ne durent guère ; de plus, en général, il n'y a pas de réactions motrices d'attraction ou de répulsion, à moins qu'il ne s'agisse de la perception d'un corps en mouvement dont la trajectoire risque de heurter l'organisme.

Ces définitions étant posées, comment peut-on interpréter, par exemple, l'expérience classique du chien de Pavlov ? Dans cette expérience, toutes les fois que l'on présente au chien un bifteck appétissant, on fait simultanément tinter une clochette. Après quelques répétitions de cette coïncidence, le chien se met à saliver dès qu'il entend la clochette, même en l'absence de viande. On peut alors dire que la forme — dotée de saillance — du tintement de la clochette a acquis, par contiguïté spatio-temporelle répétée avec une forme inductrice (la viande), la prégnance alimentaire. On dira donc que la prégnance biologique tend à contaminer par contiguïté spatio-temporelle les formes « saillantes » qui, à leur tour, pourront induire par continuité des formes inductrices secondaires. On doit donc voir la prégnance biologique comme un fluide érosif qui s'insinue dans le champ phénoménal des formes vécues (les formes saillantes) selon deux processus classiques : *contagion par continuité, contagion par similarité.* Bien entendu, si ce mécanisme fonctionnait sans contrepartie, toute forme extérieure serait perçue comme une forme de proie (par exemple) avec toutes les conséquences catastrophiques qui pourraient en dériver pour le sujet...

Mais alors, quel est le mécanisme de contrôle qui permet d'éviter une telle invasion ?

En pratique, seules les formes-sources d'une prégnance biologique sont relativement bien « contrôlées » ; les formes induites par un contact accidentel — comme le tintement de la clochette pour le chien de Pavlov — perdent rapidement leur prégnance, si l'association avec la forme qui en est la source n'est pas renouvelée...

Ces mécanismes, classiques chez les animaux, sont-ils également valables pour l'homme ?

La présence du langage chez l'homme a modifié assez profondément le comportement du fluide « prégnance » à l'intérieur du psychisme humain.

Mais je poserai comme hypothèse générale que tout système culturel d'intelligibilité est construit à la manière d'une prégnance animale, par une succession de contagions par continuité et de contagions par similarité.

Le linguiste Roman Jakobson a attiré l'attention sur les deux axes (axe paradigmatique ou de similarité, axe syntagmatique ou de continuité) qui, selon lui, structurent toute l'activité linguistique. L'ethnologue James G. Frazer, dans sa classification des deux types d'action magique — magie par contact et magie par similarité — a également décrit ces mêmes mécanismes[31] dans son ouvrage *Le Rameau d'or.* Enfin, chez l'homme normal, ces mécanismes peuvent aussi réapparaître lors de l'explosion d'une prégnance biologique : qu'on songe au fétichisme des amoureux, par exemple...

Dans ces conditions, où trouver les spécificités propres au langage humain ?

Chez les animaux, tout type de prégnance n'a qu'un petit nombre de formes-sources. Mais même en ce cas, il est douteux que les mécanismes génétiques puissent « coder » de façon stricte une « forme visuelle », une *Gestalt* : on ne voit pas comment la biochimie pourrait coder la géométrie... alors qu'en revanche, la biochimie peut très bien coder une prégnance vécue comme une pulsion à l'égard des formes-sources. Par exemple, le gradient de diffusion d'une phéromone, chez les insectes, manifeste un pouvoir d'attraction considérable chez le sujet qui a perçu ce gradient[32]. Il y a donc, probablement, une grande plasticité des formes-sources chez les animaux. C'est d'ailleurs démontré par le phénomène de l'imprégnation — *imprinting* — de Lorenz, où la *Gestalt* normale du partenaire sexuel est remplacée par celle du parent adoptif...

En régime normal, pour ainsi dire, ce sont les expériences infantiles qui permettent de combler ces trous noirs que sont les sources des prégnances génétiquement innées.

En somme, je vois la constitution du langage humain comme le résultat d'une explosion des grandes prégnances biologiques sur une ribambelle de « formes induites » par l'apprentissage social. Ces formes induites sont les formes phoniques des mots, émis et compris. L'absence d'une forme désirée amène à la déviation du courant de prégnance sur la forme induite constituée du mot qui en devient le substitut... un peu comme le phantasme freudien.

Chaque nom, chaque concept, devient ainsi porteur d'une prégnance propre dont la diffusion est cependant étroitement limitée et contrôlée : la prégnance d'un concept X est limitée aux concepts *satellites* de X, c'est-à-dire aux concepts Y qui peuvent former une phrase du type XVY, où V est un nœud verbal. En d'autres termes, aux concepts Y tels que le génitif Y de X soit sémantiquement acceptable. Et l'acceptabilité grammaticale n'est qu'une forme dégradée, automatisée d'action de cette prégnance locale...

Multiplication des formes-sources, compensée par un mécanisme strictement contrôlé de diffusion de ces prégnances locales : voilà ce qui me paraît être le caractère essentiel du langage humain — tout à fait différent du comportement bien plus flexible des prégnances animales.

Mais alors, chez l'homme, il ne reste aucune trace de ces grandes prégnances originelles ?

Bien sûr que si. Par exemple, la catégorie du genre, si fréquente dans les langues indo-européennes, peut être considérée comme un résidu grammatical de la prégnance sexuelle... Mais si l'on quitte le plan purement syntaxique pour considérer le niveau du discours, alors on verra que chaque locuteur a ses propres « métaphores obsédantes », ses propres « mythes personnels » ; tous ces « complexes » sont probablement régis par la diffusion d'une prégnance ; d'après une observation de Jean Petitot, la schizophrénie serait caractérisée par une diffusion illimitée de la prégnance biologique (tout concept source de terreur...) ; la paranoïa, au contraire, serait définie par la concentration de la prégnance en un petit nombre de concepts-sources...

Ce type d'interprétation est peut-être applicable également aux grands systèmes culturels, à la science en particulier ?

Tel est bien mon espoir... Je suis convaincu, par exemple, que la notion de paradigme kuhnien — dont nous avons parlé plus haut — pourrait très bien recevoir une explication de ce type...

Par exemple ?

Je pense à la biologie moderne : un paradigme serait lié à une prégnance liée à un concept-source ; mais dans la science, la diffusion de la prégnance doit pouvoir être acceptée par tous, intelligible à tous. Si, par exemple, la physique est la plus exacte de toutes les sciences, c'est parce que l'explication y est réalisée par l'application d'un schéma causatif élémentaire. Par exemple : un corps « actif » C vient au contact d'un autre corps (X), C émet alors une influence (I) qui est capturée par (X), et sous cette influence, le système (X) subit une transformation qualitative X → X'... En particulier, (X) peut devenir dans la forme (X') un corps actif pour l'influence (I) ; ainsi se réalise une propagation spatiale de l'influence (I), tout à fait analogue à la diffusion d'une prégnance à partir d'une forme-source. De cette façon, la lumière s'échappe des sources lumineuses et transforme en sources secondaires les objets opaques sur lesquels elle se diffuse. S'il est vrai, comme je le disais auparavant, que l'explication scientifique consiste dans la réduction de l'arbitraire de la description, cette réduction s'opère à travers des mécanismes génératifs qui permettent de construire une grande classe de phénomènes E_1, à partir d'une sous-classe E_0.

Je postulerai que ces mécanismes de générativité sont toujours du type de ceux définis par la diffusion d'une prégnance. La théorie sera « scientifique », acceptable pour tous, si ces mécanismes de génération peuvent être formalisés d'une manière précise et s'ils sont intelligibles, par exemple réductibles à un enchaînement de mécanismes causatifs élémentaires. Si, en revanche, on fait appel, pour définir la génération, à des concepts verbaux non formalisables, on pourra soupçonner la théorie de n'être qu'une « idéologie »...

Alors, qu'en est-il de la biologie moderne ?

De la biologie moderne, on peut dire qu'elle est une paranoïaque de l'ADN. Le concept-source, l'objet ADN, a conquis le rôle qui est le sien grâce à un hasard historique (la découverte de la transformation du pneumocoque[33]...) fortifié ensuite par la description d'une morphologie : duplication de l'ADN, codification des protéines *via* l'ARN messager. Les mécanismes formels attribués à l'ADN sont corrects et acceptables sur le plan épistémologique. Mais l'on n'a pu attribuer à l'ADN son rôle central en biologie (en particulier pour les grands organismes) qu'en lui conférant des pouvoirs presque magiques, incarnés par des vocables tels que l'information génétique, le contrôle génique, etc.

C'est dans cette extension abusive que réside la paranoïa...

S'agit-il d'un phénomène présent également dans d'autres sciences ?

Très probablement, oui. Tout comme les grandes prégnances biologiques ne nous dirigent que vers des « trous noirs », je serais tenté de penser que derrière la constitution de chacune des grandes disciplines scientifiques, il y a la manifestation d'une prégnance sans un but explicitement conçu.

En d'autres termes, tout l'effort de constitution d'une discipline serait lié à la résolution d'une *aporie fondatrice* : remplir le trou béant, but de la prégnance constitutive, par des objets dérivés, fruits du hasard historique, des aléas de la découverte. La lutte des paradigmes, les controverses scientifiques ne seraient alors que des manifestations du conflit entre ces prégnances dérivées, focalisées sur ces objets fantasmatiques...

Selon vous, quelles seraient ces apories fondatrices ?

Pour les mathématiques, la réponse est évidente : réconcilier l'intuition immédiate du continu avec la générativité — nécessairement discrète — des opérations...

Pour la physique : expliquer le rapport entre les qualités « externes » des corps matériels (l'extension spatiale) et leurs qualités « internes » : l'énergie, les champs, etc.

Pour la biologie, rendre compte de la relative stabilité des formes des êtres vivants, en dépit du flux continuel des molécules qui les composent.

Pour les sciences humaines, par exemple la sociologie : rendre compte de la stabilité des sociétés et donc expliquer l'origine du pouvoir politique.

En ce dernier cas, on conçoit que l'adhésion du savant au paradigme de légitimité de la société dans laquelle il vit — ou son refus — puisse influencer considérablement sa pratique scientifique. En conséquence, dans ces sciences, les « controverses scientifiques » ont tendance à s'identifier avec des controverses entre systèmes politico-économiques, de là, les difficultés qu'elles rencontrent pour déboucher sur un authentique consensus...

Dans cette optique, toutes les controverses scientifiques, les rivalités entre systèmes culturels s'interprètent comme des conflits entre « prégnances locales », comme des luttes entre gradients opposés... Ne retrouve-t-on pas ici le schéma des catastrophes élémentaires ? Et ce schéma n'en tire-t-il pas une validité quasi universelle ?

Nous avons redécouvert Héraclite.

NOTES

Introduction

1. Le développement systématique de la topologie ne date que d'un siècle (recherches de H. Poincaré [1854-1912], de L.E.J. Brouwer ensuite [1881-1966], etc.) et cette discipline a fait depuis lors de remarquables progrès. L'origine du terme provient toutefois de J.B. Listing (1808-1872) qui l'utilisa en 1831 pour remplacer le terme *analysis situs* forgé par Leibniz (1646-1716) en 1679.

Mais si « topologie » indique un secteur des mathématiques, l'expression « une topologie » est plus communément synonyme de « structure topologique » et désigne très souvent la réunion des ensembles ouverts d'un espace. Rappelons brièvement qu'*une topologie sur un ensemble X* est un système de sous-ensembles de X, dits ouverts, tels que : 1°) la réunion (d'autant qu'on veut) d'ensembles ouverts est un ouvert (et l'ensemble vide ainsi que X lui-même sont des ouverts) ; 2°) l'intersection d'un nombre fini d'ensembles ouverts est un ouvert. Un sous-ensemble V de X est dit *fermé* si son complément, à savoir l'ensemble des éléments de X n'appartenant pas à V, est un ouvert.

Enfin, une topologie sur X peut être définie non pas directement en termes d'ouverts (ou de fermés), mais en attribuant à chaque élément (ou « point ») *p* de X un système I (*p*) de voisinages, c'est-à-dire de sous-ensembles de X tels que : a) *p* appartient à chaque voisinage U de *p* ; b) si U est un voisinage de *p*, alors chaque sur-ensemble V de U est également un voisinage de *p* ; c) si V et W sont des voisinages de *p*, alors même leur intersection $V \cap W$ est un voisinage de *p* ; d) pour chaque voisinage U de *p*, il y a un voisinage T de *p* inclus en U de sorte que U est également un voisinage de chaque point *q* de T. Les axiomes a-d font partie de ce que l'on a appelé les axiomes des voisinages, introduits par F. Hausdorff (1868-1942) en 1914, lesquels ont permis une caractérisation axiomatique de la notion de topologie dégagée de la notion de métrique (voir pour cela la note 2). Les définitions d'une topologie en termes d'ouverts ou en termes de systèmes de voisinages sont équivalentes : si l'on prend les 1°-2°, on peut définir comme voisinage d'un point *p* de X, tout sous-ensemble de X qui contient un ouvert contenant *p*. Et vice versa, si l'on prend pour chaque *p* de X les a-d, on appelle ouvert tout sous-ensemble V de X, tel que pour chaque point *p* de V il existe un voisinage U de *p* inclus dans V.

2. Supposons que l'on puisse entièrement caractériser l'état d'un système physique A en donnant les valeurs de *n* paramètres x_1, x_2,... x_n. Chaque état du système est alors représenté par un système de *n* nombres réels, c'est-à-dire par un *point* d'un *espace euclidien* R^n à *n* dimensions (pour $n = 1$ on a la droite euclidienne usuelle, pour $n = 2$ le plan euclidien, pour $n = 3$ l'espace euclidien). Etant donné deux points $x = (x_1, x_2, \ldots x_n)$ et $y = (y_1, y_2, \ldots y_n)$ de l'espace R^n, on définit leur *distance euclidienne* par la formule $d(x, y)^2 = \sum_{j=1}^{n} (x_j - y_j)^2$. (Muni de cette distance, R^n constitue un *espace métrique* particulier : en effet, la distance euclidienne remplit les conditions :

1. $d(x, y) = 0$ si et seulement si $x = y$;
2. $d(x, y) = d(y, x)$ pour tous les points x, y ;
3. $d(x, y) \leqslant d(y, z) + d(y, z)$ pour tous les points x, y, z.

De telles définitions définissent de façon axiomatique la notion d'espace métrique.) L'ensemble des points y de R^n situés à une distance d'un point x plus petite qu'un nombre réel positif *r* est appelé *boule ouverte* de centre *x* et de rayon *r*.

Si l'on donne *a priori* un système de *n* nombres a_1, a_2,... a_n, en général il ne sera pas possible de préparer un état du système A qui le représente. Les points de R^n susceptibles de représenter des états physiquement réalisables du système A forment l'*ensemble de définition* M_A du système A dans R^n. Cependant, les valeurs des paramètres x_j ne sont habituellement jamais connues avec une précision absolue ; en conséquence, si $a = (a_1, \ldots a_n)$ est un point de M_A, à savoir un état physiquement réalisable par le système A, chaque point $b = (b_1 \ldots b_n)$, assez proche de *a*, définit lui aussi un système réalisable. L'ensemble M jouit de la propriété suivante : si M_A contient un point *a*, M_A contient également une boule ouverte de centre *a* et de rayon *r* assez petit. Les ensembles de R^n munis de cette propriété sont dits *ouverts* dans l'espace euclidien R^n : on peut démontrer de façon immédiate qu'ils constituent une topologie sur R^n comme cela a été explicité ci-dessus à la note 1. Par définition, le complément d'un ensemble ouvert en R^n est dit *fermé*.

(La situation est plus générale : une fois définie la notion de boule ouverte de centre *x* et de rayon *r* dans un espace métrique, comme indiqué ci-dessus, il est immédiat de généraliser la notion d'ouvert — et de fermé — dans des espaces métriques quelconques et de montrer que la métrique détermine une topologie d'une manière canonique.)

Donc, une réunion d'ouverts est un ouvert et (et cela se démontre immédiatement) une intersection de fermés est un fermé. Etant donné un ouvert M, l'intersection de tous les fermés qui contiennent M est un fermé appelé fermeture de M et indiqué généralement par $\overline{M}$. La différence $\overline{M} - M$ est appelée *frontière* de M ; au voisinage de chaque point *c* de $\overline{M} - M$, il y a des points de M mais *c* lui-même n'est pas en M. Or, si M est l'ensemble de définition d'un système physique A, on voit qu'en tout point de la frontière un phénomène nouveau, brutal, se présente, empêchant la réalisation de A en ce point. D'où la notion d'ensemble fermé des points de catastrophe dont il est question dans le texte.

Un ensemble B de R^n est dit *borné* s'il est entièrement situé dans une boule ouverte dont le centre est dans l'origine O de R^n et le rayon *r* fini. Un ensemble fermé, borné, est dit *compact.*

Les espaces euclidiens R sont un cas particulier d'espaces topologiques *connexes* (on dit d'un espace topologique qu'il est *connexe* s'il n'y a pas deux ouverts non vides de X, tels que leur réunion soit X et que leur intersection soit l'ensemble vide). Pour pouvoir dire qu'un sous-ensemble M d'un espace X est connexe, il faut considérer M, à son tour, comme un espace topologique (si X est un espace métrique, M est immédiatement conçu comme espace métrique : si X est donné uniquement comme espace topologique, une topologie sur M est donnée par les sous-ensembles de M qui peuvent être représentés comme des intersections de M avec un ouvert de X) et voir s'il est connexe.

3. *Nulle part dense* (*nowhere dense,* en anglais) se dit pour un ensemble B d'un espace métrique (ou topologique) X tel que l'intérieur de sa fermeture B (voir note 2) est vide. (Rappelons que par *intérieur* d'un ensemble S d'un espace X métrique — ou plus généralement topologique — on entend la réunion de tous les ouverts contenus en S. Il est immédiat de voir que S est un ouvert si, et seulement si, il coïncide avec son intérieur.) Etant donné que « l'on peut penser à un ensemble rare comme à un ensemble qui ne recouvre pas une grande portion de l'espace » (G.F. Simmons, *Topology and modern analysis,* New York, Mac-Graw-Hill, 1963, p. 74), le fait que l'ensemble des points de catastrophe K soit rare garantit à l'observateur une morphologie assez « reconnaissable ».

4. « Au début du siècle et principalement parmi les chercheurs du continent européen tels que Duhem, Poincaré, Einstein, Hadamard, Hilbert, une description simple de ce qu'est une théorie physique est apparue, description qui, aujourd'hui encore, est selon toute probabilité très proche de ce que pense la grande majorité des physico-mathématiciens. C'est Duhem qui a dit avec le plus de clarté, dans sa *Théorie physique,* qu'une théorie physique consiste en un *domaine expérimental,* en un *domaine mathématique* et en une *interprétation conventionnelle.* Le modèle, en tant que système mathématique, incorpore également la logique de la théorie, à savoir son axiomatique. Fondamentalement, l'interprétation est une relation qui lie les paramètres, et donc les conclusions tirées du modèle, avec les éléments observables du domaine expérimental. Traditionnellement, les philosophes de la science évaluent l'utilité d'une théorie selon un critère de *conformité* basé sur la possibilité de contrôle des prédictions ou sur les qualités de l'accord entre les conclusions du modèle, une fois qu'elles ont été interprétées, et les données du domaine expérimental. Cependant, à ces conditions requises, Duhem avait ajouté en un bref exemple le critère de *stabilité.* » (R. Abraham, J.E. Marsden, *Foundations of Mechanics,* The Benjamin / Cummings Publishing Company, Reading [Mass.], 1978, p. XIX.) Le passage de Duhem (p. 224 *sq.* dans l'édition de P. Duhem : *La Théorie physique, son objet et sa structure,* Paris, Ed. Chevalier et Rivière, 1906.

dit essentiellement ceci : « Telle déduction, à un fait théorique unique, pris comme donnée, fait correspondre, à titre de résultat, un fait théorique unique. Si la donnée est un faisceau de faits théoriques, le résultat est un autre faisceau de faits théoriques. Mais on a beau resserrer indéfiniment le premier faisceau, le rendre aussi délié que possible, on n'est pas maître de diminuer autant que l'on veut l'écartement du second faisceau ; bien que le premier faisceau soit infiniment étroit, les brins qui forment le second faisceau divergent et se séparent les uns des autres, sans que l'on puisse réduire leurs mutuels écarts au-dessous d'une certaine limite. Une telle déduction mathématique est et restera toujours inutile au physicien ; quelque précis et minutieux que soient les instruments par lesquels les conditions de l'expérience seront traduites en nombres, toujours à des conditions expérimentales pratiquement déterminées, cette déduction fera correspondre une infinité de résultats pratiques différents ; elle ne permettra plus d'annoncer d'avance ce qui doit arriver en des circonstances données. » Et, un peu plus loin (p. 225-227), Duhem reprend un exemple « très surprenant » tiré de la mécanique et que l'on doit à Hadamard, et il conclut enfin (p. 227-228) avec une allusion « au problème de la *stabilité du système solaire* que Laplace croyait avoir résolu et dont la difficulté extrême a été prouvée par les tentatives menées par les géomètres modernes, et, tout particulièrement, par Poincaré » (p. 230). Ces remarquables considérations de Pierre Duhem sont restées sans écho jusqu'à une date récente, où les travaux de Kolmogoroff-Arnold-Moser, puis de Sinai et de Smale, ont montré la très grande généralité de ce phénomène, dénommé depuis « sensitivité aux conditions initiales ». Beaucoup d'auteurs contemporains parlent alors — et fort abusivement — de « chaos dynamique ».

5. J.C. Maxwell, « *Does the Progress of Physical Science tend to give any advantage to the Opinion of Necessity (or Determinism) over that of Contingency of Events and the Freedom of the Will ?* » 1876, dans l'ouvrage de L. Campbell et W. Garrett, *The life of James Clerk Maxwell, with a selection from his correspondance and occasional writings and a sketch of his contributions to science*, Londres, Macmillan, 1882. La citation se trouve à la page 400. Pour un commentaire intéressant sur ce passage de Maxwell, voir K. Pomian, « *Catastrofi* » dans *Enciclopedia*, Turin, Einaudi, 1977, vol. II, p. 789-803.

6. Une fonction f définie sur un ouvert D de R (réels) ou de C (complexes) est dite *analytique* en D si l'on peut la développer en série entière (c'est-à-dire en une série de terme général $a_n x^n$) en chaque point x_0 de D. « L'analyticité prend toute sa signification quand on passe du réel au complexe et que l'on considère des fonctions f d'une variable complexe, à valeurs complexes... Dans le champ complexe, la simple dérivabilité dans l'ouvert D suffit à impliquer le lien le plus puissant de solidarité entre local et global. Les fonctions complexes dérivables, et donc analytiques, sont également appelées holomorphes. L'holomorphie est une notion intrinsèquement locale mais qui " passe " automatiquement au global. » (J. Petitot, « Local/global » dans *Enciclopedia*, vol. III, Einaudi, Turin, 1979, p. 429-490 ; les extraits cités se trouvent aux pages 444 et 445.) Enfin, c'est au centre de l'approche de Karl Weierstrass

(1825-1897) à la théorie des fonctions analytiques que se trouve le fameux principe du *prolongement analytique.* Si deux fonctions f et g analytiques sur un ouvert connexe D (cf. note 2) coïncident au voisinage d'un point de D, elles sont identiques sur D. Ce théorème permet d'affirmer que si h est une fonction analytique en D qui *prolonge f* en un ouvert connexe D' contenant D, alors h est unique.

7. Voir ci-dessous la discussion sur la « causalité formelle », chap. II, principalement p. 110.

8. R. Thom, *Stabilité structurelle et morphogenèse,* éditions française et anglaise, à l'origine New York, Benjamin, 1972.

9. Voir ci-dessous, chapitre II, notes 1, 2, 3.

Chapitre premier

1. K.R. Popper, *Conjectures and Refutations,* Routledge and Kegan, Londres, 1963, p. 118.

2. Pour les contributions de H. Cartan à la théorie des espaces analytiques, voir J. Dieudonné, *Panorama des mathématiques pures. Le choix bourbakiste,* Paris, Gauthier-Villars, 1977, p. 109-115. Cf. également la note 4 ci-dessous.

3. Pour les contributions du Japonais K. Oka à la renaissance de la théorie des fonctions à plusieurs variables complexes sur une période d'environ vingt ans (1936-1955), voir J. Dieudonné, *Panorama, op. cit.,* p. 109-115.

4. Pour les problèmes de Cousin (du mathématicien Pierre Cousin, 1867-1933), les apports spécifiques de K. Oka, les résultats de H. Cartan et J.-P. Serre et enfin les théorèmes A et B de Cartan. voir J.-L. Verley, « Les fonctions analytiques » dans l'ouvrage de J. Dieudonné (et autres), *Abrégé d'histoire des mathématiques, 1700-1900,* Paris, Hermann, 1978, vol. I, p. 129-163 et en particulier les pages 160-161. Cf. également J. Dieudonné, *Panorama, op. cit.,* p. 103-105.

5. Pour les différents apports de Charles Ehresmann (topologie algébrique et différentielle, variétés différentiables, géométrie différentielle, etc.), cf. J. Dieudonné, *Panorama, op. cit.,* p. 18, 30, 70. Pour l'origine et les développements des théories mentionnées dans le texte, voir les chapitres A I et A II dans *Panorama, op. cit.*

6. Pour les relations entre les domaines analytiques et différentiables, voir par exemple J. Dieudonné, *Panorama, op. cit.,* p. 99 *sq.*

7. Ce fut l'étude des géodésiques sur une variété de Riemann qui amena M. Morse à la construction d'un « calcul des variations en théorie globale » (« *Calculus of variations in the large* », dans *American Mathematical Society Colloque Publication,* 1934), par la suite appliqué à différents problèmes de topologie différentielle et de géométrie différentielle par Morse lui-même et d'autres auteurs, voire même étendu dans plusieurs directions au cours des années soixante (travaux de S. Smale, R.-S. Palais, etc.).

8. Pour les apports de S. Eilenberg, voir par exemple J. Dieudonné, *Panorama, op. cit.,* chap. A I, B I, C I.

9. Cf. notes 5, 7 et 8.

10. « On peut dire que l'élan actuel de la topologie différentielle remonte à la solution donnée par Thom (1954) à deux problèmes

posés auparavant par N.E. Steenrod : dans une variété différentiable M, quand une classe d'homologie est-elle " représentée " par une sous-variété, et quand une variété de dimension n est-elle le bord d'une variété de dimension n + 1 ? » (J. Dieudonné, *Panorama, op. cit.*, p. 14.)

11. C'est à Strasbourg que R. Thom a rédigé sa thèse : *Espaces fibrés en sphères et carrés de Steenrod* (Annales Scientifiques de l'Ecole Normale Supérieure [3], [69]), avec laquelle il a obtenu son doctorat à l'université de Paris en 1951.

12. Cf. l'article de J.A. Todd : « *The Work of R. Thom* », dans *Proceedings of the international Congress of mathematicians (14-21 august 1958)*, Cambridge, Cambridge University Press, 1960, p. LX-LXIV. Hopf dit à cette occasion (p. LXIII) : « La topologie, comme d'autres branches des mathématiques, se trouve aujourd'hui à un stade d'algébrisation cohérente et massive : ce processus a amené à maturation des recherches d'un extraordinaire pouvoir de clarification, simplification et unification, tout en aboutissant aussi à des résultats nouveaux et inattendus. Cependant, cela ne signifie pas que l'algèbre, de par elle-même, fournisse de nouveaux instruments pour le développement de problèmes topologiques ; il est certes évident que la majeure partie des problèmes ont, en eux-mêmes, un caractère algébrique selon un certain point de vue. Il me semble toutefois que les grands succès qu'un développement de ce genre permet d'atteindre comportent aussi quelque danger, à savoir que l'équilibre des mathématiques soit rompu en faveur de la tendance visant à négliger le contenu géométrique des problèmes et des situations de nature topologique : négliger ce contenu aurait en fait pour conséquence un appauvrissement des mathématiques. C'est justement en tenant compte de ce danger que je pense que les travaux de Thom sont en soi quelque chose d'extraordinairement encourageant : naturellement, Thom maîtrise et utilise à la perfection les méthodes algébriques modernes de même qu'il sait saisir le côté algébrique de ses problèmes, mais ses idées fondamentales sont de nature purement géométrique. »

13. Nicolas Bourbaki est le pseudonyme adopté par un groupe de mathématiciens (pour la plupart français) qui, vers 1935, fit son apparition comme auteur de notes, revues et mémoires publiés dans les *Comptes rendus* de l'Académie française des sciences et ailleurs. Par la suite, le groupe se lança dans la rédaction d'un traité général : *Eléments de mathématique*, qui se proposait d'exposer de façon systématique et tout à fait rigoureuse les principes fondamentaux des mathématiques. Soumise à des rééditions et à des mises à jour continues, cette œuvre a considérablement influencé bon nombre de mathématiciens de notre temps. Ce groupe n'a pas un nombre fixe de membres ni beaucoup de règles, mis à part celle selon laquelle les collaborateurs doivent se retirer une fois atteint l'âge de cinquante ans. Les fondateurs en seraient H. Cartan, C. Chevalley, J. Delsarte, J. Dieudonné, A. Weil. Au XIXe siècle, l'initiation des étudiants en première année d'Ecole Normale Supérieure comportait un examen par un ancien qui leur soumettait des théorèmes formulés de façon erronée et qui portaient le nom de généraux célèbres : Nicolas Bourbaki est justement celui d'un général français du siècle dernier.

« Le programme bourbakiste, écrit Jean Dieudonné, consiste à donner un compte rendu des mathématiques modernes qui constitue un noyau central à partir duquel on explique tout le reste, ce qui, évidemment, comporte l'élimination de beaucoup d'arguments. [...] Là où on opère de façon artisanale, Bourbaki n'intervient pas car il ne présente que des théories rationnellement organisées, où les méthodes découlent des prémisses de façon naturelle. » L'idée de base à partir de laquelle s'est développé le programme bourbakiste est celle de « structure mathématique », même si, aujourd'hui, on reconnaît que cette « notion a été dépassée par les notions de catégorie et de foncteur qui l'incluent en une forme plus générale et adéquate. Une des tâches de Bourbaki consistera certainement à incorporer les idées valables de cette théorie dans le traité ».

Le texte de Dieudonné dont sont tirées ces deux citations (J. Dieudonné, « *The Work of Nicolas Bourbaki* » dans *The American Mathematical Monthly 77,* février 1980, vol. 2, p. 134-145, citations en questions p. 141) présente en outre une courte esquisse de la manière dont travaillent les bourbakistes : « La méthode de travail adoptée par les bourbakistes est extrêmement longue et lourde, mais elle leur est pratiquement imposée par le projet proprement dit. Au cours de leurs réunions qui ont lieu deux ou trois fois par an, on se met d'accord sur la nécessité de rédiger un volume ou un chapitre sur un certain sujet, en prévoyant ainsi un certain nombre de chapitres par livre. Le travail de rédaction est ensuite confié à l'un des collaborateurs qui écrit une première version du chapitre ou des chapitres proposés en étant libre d'ajouter ou d'éliminer ce qu'il veut, à ses risques et périls. Une fois terminée cette première version, après un ou deux ans, elle est soumise au congrès des bourbakistes où elle est lue à haute voix sans que soit omise la moindre page. Toute démonstration est examinée dans les moindres détails et soumise à une critique sans pitié. Les observateurs extérieurs invités aux réunions des bourbakistes en sortent toujours avec l'impression qu'il s'agit d'une assemblée de fous » (p. 134-145). « Après avoir démoli la première version, un autre collaborateur se charge d'une nouvelle rédaction qui tienne compte des instructions du congrès. Mais c'est une tâche désespérée : l'année suivante les opinions du congrès auront déjà changé et ce sera au tour de cette deuxième version d'être démolie. Le travail incombera donc à un troisième collaborateur... et ainsi de suite. On pourrait penser que l'on continue ainsi à l'infini, à un certain moment, cependant, il faut bien s'arrêter... » (p. 159-160).

14. I. Lakatos, « *Proofs and Refutations* ». *The logic of mathematical discovery,* Worrall-Zaher ed., Cambridge University Press, 1976.

15. « L'école mathématique allemande connut effectivement au cours des années qui ont suivi la (Première) Guerre mondiale une période d'une exceptionnelle splendeur. Elle comptait des chefs d'école tels que C.L. Siegel, E. Noether, E. Artin, W. Krull, H. Hasse : en France, nous ne savions rien de tous ces gens. » (J. Dieudonné, *Nicolas Bourbaki,* cité à la note 13.) Pour ce qui concerne le personnage et l'influence de David Hilbert (1862-1943), on peut consulter l'œuvre de C. Reid, *Hilbert,* Berlin-Heidelberg-New York, Springer-Verlag, 1970.

16. En réalité, E. Picard (1856-1941), E. Borel (1871-1956), J. Hadamard (1865-1963) étaient encore extrêmement actifs au cours de la période suivant la Première Guerre mondiale. Mais, aux dires de ceux qui devaient ensuite former le groupe Bourbaki, entre l'ancienne et la nouvelle génération il « s'était désormais creusé une lacune » (J. Dieudonné, *Nicolas Bourbaki, op. cit.*, p. 158).

17. Gaspard Monge (1746-1818), dont le nom est particulièrement lié au développement de la géométrie descriptive, se rallia à la Révolution, fut ministre de la Marine de 1792 à 1793, il fit partie du Comité de salut public, fonda l'*Ecole polytechnique* (1795, à l'origine : *Ecole centrale des travaux publics*), et organisa l'expédition d'Egypte pour Napoléon Bonaparte. La Restauration lui retira toutes ses charges.

18. L.E.J. Brouwer (1881-1966), à qui l'on doit d'importants résultats en topologie (parmi lesquels le célèbre théorème du point fixe qui porte son nom), a été le principal promoteur de l'intuitionnisme mathématique moderne. L'intuitionnisme brouwerien est l'une des formes les plus radicales de constructivisme : les propositions mathématiques doivent être interprétées comme propositions qui expriment la possibilité d'une construction et, par conséquent, la logique traditionnelle « classique », basée sur le principe du *tertium non datur*, apparaît inadéquate. Enfin, la théorie de Cantor du transfini, qui était pour Hilbert : « le paradis que Cantor nous a procuré », apparaît dans une telle perspective comme une extrapolation arbitraire.

19. On fait ici allusion, dans l'ordre, au célèbre théorème d'incomplétude de Gödel (1931), au théorème de Tarski (1933) concernant la notion sémantique de vérité, à la démonstration de la cohérence de l'hypothèse généralisée du continu et de l'axiome de choix avec les autres axiomes de la théorie des ensembles (Gödel, 1938 et 1940), à la démonstration de l'indépendance de l'hypothèse du continu de Cantor et de l'axiome de choix (P.-J. Cohen, 1963-1964). Pour une revue exhaustive de ces résultats, voir par exemple : P.-J. Cohen, *Set Theory and the Continuum*, New York, W. Benjamin, 1966.

20. Cf. par ailleurs l'opinion de Bourbaki, dans *Eléments d'histoire des mathématiques*, Paris, Hermann, 1960 : « Même le système de Russell et Whitehead exposé dans toutes ses articulations dans les *Principia Mathematica*, Cambridge, Cambridge University Press, 1910-1913, 3 vol., rencontra plus de succès auprès des logiciens qu'auprès des mathématiciens » (p. 49-50). Ou encore : « Les tentatives suivantes visant à simplifier et alléger le système de Russell et Whitehead apparaissent plus éloignées de la pratique des mathématiciens » (travaux de Ramsey, Chwistek, Quine, Rosser, etc.).

21. B. Russell (1872-1970) est rappelé ici surtout en tant que promoteur du programme logiciste et créateur de la théorie des types (cf. note 20).

22. G. Cantor (1845-1918) est le créateur de la théorie moderne des ensembles, formulée par lui dans une série d'articles de 1874 à 1895 (articles rassemblés aujourd'hui dans *Gesammelte Abhandlungen*, Berlin, Springer, 1932, réédition Georg Olms Hildsheim, 1962). Cet événement salué par B. Russell comme « le plus grand de tous ceux dont notre époque puisse se glorifier » fut au contraire décrit par

Henri Poincaré comme « un cas pathologique » du fait des paradoxes engendrés par la théorie.

23. E. Borel (1871-1956) et H. Lebesgue (1875-1941) furent à l'origine, avec R. Baire (1874-1932) et J. Hadamard (1865-1963), d'une correspondance centrée sur le caractère plausible des axiomes introduits par la théorie des ensembles et en particulier sur la légitimité de l'axiome de choix (R. Baire, E. Borel, J. Hadamard, H. Lebesgue, « Cinq lettres sur la théorie des ensembles » dans le *Bulletin de la société mathématique de France,* XXXIII, Paris, 1905, p. 261-273).

24. Pour les développements de la théorie des catégories et de la théorie des *topoi* — des idées de S. MacLane à celles, plus récentes, de F.W. Lawvere — en particulier comme programme alternatif à la fondation traditionnelle des mathématiques sur le concept d'ensemble, voir par exemple William S. Hatcher, *Foundations of Mathematics,* Philadelphie, W.B. Saunders Company, 1968.

25. La théorie des catégories naît « officiellement » avec l'article de MacLane et Eilenberg : « *General theory of natural equivalence* » publié en 1945 dans *Transactions of the American Mathematical Society,* LVIII, p. 231-294. L'objectif immédiat des auteurs était la simplification de certains aspects de la topologie algébrique : cependant, les concepts — introduits dans l'article — de catégorie, de foncteur entre catégories et de transformation naturelle entre foncteurs ont très vite montré qu'ils avaient une signification générale capable d'unifier des concepts différents même dans d'autres secteurs des mathématiques (*abstract nonsense*).

26. La topologie combinatoire, initialement créée par Poincaré, après les succès des années vingt (S. Lefschetz, J.W. Alexander, etc.), s'est développée selon deux axes principaux : l'un a consisté en un approfondissement progressif de la thématique de l'homologie au moyen d'un formidable déploiement algébrique ; l'autre s'est donné pour but l'étude des structures combinatoires des polyèdres — déjà au centre de l'approche de Poincaré — avec des applications « linéaires par morceaux » (*piecewise linear,* d'où l'abréviation PL), des années quarante (recherches de J.H.C. Whitehead, S.S. Cairns, etc.) jusqu'aux progrès récents étroitement liés à la topologie différentielle (S. Smale, E.C. Zeeman, etc.).

27. Avec E (q, I) ou plus simplement E (q), nous indiquons l'espace des germes (cf. plus haut note 31) des fonctions de $R^q \rightarrow R$ indéfiniment différentiables, c'est-à-dire C^∞, en 0 (cf. Introduction, note 2). Cet espace peut être doté d'une topologie (dite justement *topologie de Whitney* ou topologie C^∞) adaptée au niveau différentiable, à savoir la topologie de la convergence uniforme d'un élément F de E (q) et de toutes ses dérivées sur les compacts de R^q. (Pour l'importance générale des apports de Whitney à la topologie différentielle et à l'étude des singularités des applications différentiables, voir J. Dieudonné, *Panorama, op. cit.,* p. 22 *sq.*)

28. Cf. R. Thom, « Ensembles et morphismes stratifiés » dans le *Bulletin of the American Mathematical Society,* 75, 1969, p. 240-284.

29. Pour les références bibliographiques nécessaires et une exposition des résultats obtenus par Mather, voir par exemple M. Golubitsky, V. Guillemin, *Stable Mappings and their Singularities,* New York-Heidelberg-Berlin, Springer, 1973.

30. Sans prétendre être exhaustifs, nous rappelons ici quelques définitions en suivant principalement T. Poston, I. Stewart, *Catastrophe theory and its applications*, Londres, Pitman, 1978, en particulier les chapitres VI à VIII.

Avec E (q, m) nous dénotons l'espace vectoriel des germes (cf. note 31) des fonctions R^q en R^m (cf. Introduction, note 2) qui sont C^∞ en 0. En particulier, soit m = 1 et abrégeons E (q, 1) en E (q). Comme on sait, E (q) est une algèbre locale avec pour unique idéal maximal l'ensemble M (q) des éléments η de E (q) tels que η (0) = 0. Un germe η de E (q) tel que $\eta(0) = D_\eta(0) = 0$ est dit, comme d'habitude, *singulier.*

On appelle *r-déploiement* d'une singularité η de $R^n \to R$ un germe F de M (n + r) tel que :

$$F(x_1, \ldots x_n, 0, \ldots 0_n) = \eta(x_1, \ldots x_n)$$

et on l'indique usuellement (r, F). Soit u un point de R^r ; x abrège $(x_1, \ldots x_n)$: parfois nous abrégerons F (x, u) en $F_u(x)$.

Par *morphisme,* on entend le triple (w, W, ε) où :

1. w est un germe appartenant à E (n + r, n + s) tel que :

$$F(x_1, \ldots x_n, 0, \ldots 0_n) = \text{identité} ;$$

2. W est un germe de E (r, s) tel que $\pi_s \circ w = W \circ \pi^r$ (où o dénote la composition de deux applications ;

3. ε est un germe appartenant à M (r) tel que $F = G \circ W + \varepsilon \circ \pi_r$. Par π_r, habituellement, on dénote la *projection* de l'espace produit $R^n \times R^r$ sur le'space R^r ; en bref :

$$\pi_r(x_1, \ldots, x_{n+1}, \ldots x_{n+r}) = (x_{n+1}, \ldots x_{n+r}).$$

Dans ce cas, on dit que le déploiement (r, F) est induit par le déploiement (s, G) au moyen du morphisme (w, W, ε).

Un déploiement (r, F) de η est dit *versel* si chaque déploiement de η est induit de (r, F) au moyen d'un morphisme convenable. Soit r le plus petit nombre pour lequel (r, F) est versel : (r, F) constitue alors un déploiement *uni-versel.*

31. Sur l'ensemble des fonctions de R^q (cf. Introduction, note 2) en R^m, définies au voisinage d'un point x (par exemple x = 0), on peut définir une relation d'équivalence de la manière suivante : f ~ g si, et seulement si, il existe un voisinage (cf. Introduction, note 1) de x où f et g coïncident. La classe d'équivalence de f pour la relation ~ (c'est-à-dire l'ensemble des fonctions g telles que g ~ f) est dite *germe* de la fonction f. Pour m = q, en E (q, q) on indiquera avec B (q) l'ensemble des germes réversibles R^q en R^q qui appliquent 0 sur 0.

32. « Au contraire, l'intelligibilité, on l'a vu, requiert la concentration du non-local en une structure locale. Or, il existe un être mathématique qui répond assez bien à cette définition : il s'agit de la notion de *singularité.* Donnons-en un exemple typique : le point conique, sommet du cône de révolution d'équation $z^2 = x^2 + y^2$ dans l'espace euclidien à trois dimensions rapporté au trièdre trirectangle Oxyz. En effet, ce point singulier peut être considéré comme provenant d'une surface lisse, le cylindre d'équation $x^2 + y^2 = 1$ par l'application continue φ qui concentre le cercle méridien d'équations $x^2 + y^2 = 1$, z = 0 en l'origine O. C'est là un fait général : une singularité peut toujours être considérée comme provenant d'un espace régulier E par concentration en un point d'une figure globale plongée

dans cet espace E. Il n'est donc pas surprenant que la T.C. sous sa forme " élémentaire " de champs de dynamiques de gradient, fasse appel systématiquement à la notion de singularité (de fonction). » (R. Thom, « *Mathématique et théorisation scientifique* », dans *La Culture scientifique dans le monde contemporain*. V. Mathieu, P. Rossi, Scientia, volume spécial publié avec l'assistance de l'UNESCO, Milan, 1979, p. 25-40. La citation se trouve aux pages 29-30.)

33. Le « théorème de préparation » (*vorbereitungssatz*) est le premier grand résultat obtenu par K. Weierstrass dans ses recherches sur les fonctions analytiques à plusieurs variables complexes : au programme des cours dès 1860, il fut publié en 1879. Pour l'essentiel, ce théorème précise le comportement d'une fonction holomorphe au voisinage d'un point où elle s'annule. On doit la version pour fonctions réelles lisses à B. Malgrange (1964). Cf. M. Golubitsky, V. Guillemin, *Stable Mappings, op. cit.*, chap. IV.

34. Au sujet de cette problématique, le lecteur peut également consulter J. Petitot, « Local/global », dans *Enciclopedia,* vol. VIII, Einaudi, Turin, 1979, p. 429-490, en particulier les pages 467-471.

35. Soient F et G des germes de E (n + r). On dit que F et G sont *équivalents* (comme r-déploiements) s'il existe un germe inversible h de B (r) (cf. note 31), une famille H_u d'éléments B (n) où le point u appartient à un ouvert (cf. Introduction, notes 1 et 2) de R^r et un germe ε de M (r) (cf. note 30) tel que F (x, u) = G H_u (x), h (u) + ε (u) (qu'on se rappelle que dans F [x, u], x désigne le point $[x_1, \ldots x_n]$ de l'espace R^n et que u est un point de l'espace r-dimensionnel R^r).

Nous pouvons maintenant introduire l'idée de *stabilité structurelle*. On dira d'un (r, F) qu'il est (*structurellement*) *stable* si chaque petite perturbation (r, G) de (r, F) en E (n + r) (cf. note 30) — petite pour la topologie de Whitney (cf. note 27) — est équivalente à (r, F). Le « théorème de Thom » — énoncé par Thom et rigoureusement démontré par J.N. Mather et d'autres (pour toute référence bibliographique voir, par exemple : M. Golubitsky, V. Guillemin, *Stable Mappings, op. cit.*) — peut alors s'énoncer comme suit. Supposons $r \leqslant 4$. L'ensemble des (r, F) est un ouvert *dense* (c'est-à-dire que sa fermeture coïncide avec l'espace tout entier, cf. Introduction, note 2) de E (n + r) (doté de la topologie de Whitney). En outre (à moins d'additionner une forme quadratique non dégénérée ou de multiplier par ± 1), chaque (r, F) équivaut à un des *sept* déploiements *universels* des singularités η énoncées dans le tableau suivant (où x, y représentent les variables d'état du système et u, v, w, t les variables de contrôle, cf. p. 55-58 et p. 61-65).

r	singularité	déploiement universel
1	x^3	$x^3 + ux$
2	x^4	$x^4 + ux^2 + vx$
3	x^5	$x^5 + ux^3 + vx^2 + wx$
3	$x^3 + y^3$	$x^3 + y^3 + uxy + vx + wy$
3	$x^3 - xy^2$	$x^3 - xy^2 + u(x^2 + y^2) + vx + wy$
4	x^6	$x^6 + tx^4 + ux^3 + vx^2 + wx$
4	$x^2y + y^4$	$x^2y + y^4 + ux^2 + vy^2 + wx + ty$

Dans l'ordre, en utilisant la nomenclature forgée par Thom : pli, fronce : la parabole semi-cubique est la projection sur le plan de contrôle (cf. fig. 8), queue d'aronde, ombilic hyperbolique, ombilic ellipique, papillon, ombilic parabolique.

36. R. Thom, « D'un modèle de la science à une science des modèles », dans *Synthese*, 31, 1975, p. 359-374. La citation est à la page 374.

37. Pour une explication détaillée de certaines idées de fond de la « théorie de la bifurcation », voir R. Abraham, J.E. Marsden, *Foundations of the Mechanics, op. cit.*, chap. VI, VII et tout particulièrement VIII. Cf. du reste, p. 544 : « Dès le début, nous voulons dire clairement qu'une théorie exacte n'existe pas encore. Tant que restera une lacune dans la tour de la stabilité, la théorie de la bifurcation restera un château de cartes. » Cf. ce qui est dit ci-dessous dans le texte, aux pages 74-75.

38. « La nouvelle tendance, la mécanique quantique (*quantenmechanik*) [au sens strict], fut inaugurée par Heisenberg avec une note publiée en juillet 1925. L'idée fondamentale ici exprimée est qu'un certain nombre des quantités inhérentes au modèle atomique en usage dans la théorie des quanta (par exemple, les coordonnées d'un électron de l'atome à un instant donné, la durée d'une révolution orbitale, etc.) n'ont jamais été directement mesurées or, étant donné que les raisonnements fondés sur elles amènent aux difficultés que l'on sait, on est en droit de douter que ces quantités aient une signification physique effective et qu'elles soient mesurables dans l'avenir. En revanche, d'autres quantités (par exemple, fréquences émises, intensité, etc.) sont directement observables. [...] Cependant, les relations directes entre grandeurs observables ne sont en général pas exprimables à l'aide des moyens ordinaires de l'algèbre et, par conséquent, le développement ultérieur de l'idée de Heisenberg amena à l'utilisation d'un algorithme mathématique déjà connu depuis longtemps, mais qui n'avait pas encore eu d'application dans le domaine de la physique, à savoir l'algèbre des *matrices.* » (E. Persico, *Fondamenti della meccanica atomica*, Zanichelli, Bologne, 1939 [et éditions suivantes], p. 69 et 70).

39. En 1926, P.A.M. Dirac (né en 1902) avait introduit la célèbre « fonction » δ (cf. ci-dessous note 45). Son interprétation rigoureuse par L. Schwartz remonte à 1945-1949. Cf. la réflexion sur la genèse de sa « théorie des distributions » proposée par Schwartz dans sa *Théorie des distributions*, Hermann, Paris, 1966.

40. H.J. Sussmann, R.S. Zahler, « *Catastrophe theory as applied to the social and biological sciences : a critique* » dans *Synthese*, 37, 1978, p. 117-216. La citation se trouve à la page 208.

41. En 1609, Kepler (1571-1630) dans son *Astronomia nova* énonçait les deux premières lois qui portent son nom, en utilisant des orbites elliptiques, en appliquant aux mouvements célestes le schéma éudié en son temps par Apollonius de Perge (262 ?-180 ? av. J.-C.). « Jamais, aucune œuvre astronomique n'a reçu un titre plus significatif que celui donné au livre de Kepler sur Mars : *Astronomia nova.* » (O. Neugebauer, *The exact Sciences in Antiquity*, Brown University Press, Providence R.I., 1957, seconde édition).

42. Comme Einstein lui-même le reconnut, le calcul tensoriel, créé par G. Ricci Curbastro (1853-1925) et T. Levi-Civita (1873-1941), finit par représenter un instrument essentiel pour la conception rela-

tiviste : les équations gravitationnelles de la relativité générale, à leur tour, « constituent un véritable triomphe des méthodes de calcul créées par Ricci ».

43. Sur cette question, voir I. Grattan-Guinness (en collaboration avec J.R. Ravetz), *Joseph Fourier, 1768-1830,* Harvard (Mass.), MIT Press, 1972.

44. Pour le calcul des opérateurs créé par O. Heaviside (1850-1925), voir l'ouvrage intéressant de D.H. Moore, *Heaviside Operational Calculus,* New York, American Elsevier, 1971, qui offre également des informations intéressantes au point de vue historique.

45. L. Schwartz écrit ceci : « C'est en 1935 que j'entendis parler pour la première fois de la fonction δ ; j'étais étudiant et un de mes camarades qui venait d'entendre une conférence de physique historique, m'en parla dans ces termes : " Ces gens introduisent une fonction δ séduisante, égale partout à 0 sauf à l'origine et enfin telle que : $\int \delta(x)\,dx = +1$. Si l'on utilise des méthodes de ce genre, aucun accord n'est plus possible. " Alors, nous y réfléchîmes un peu ensemble, et pour finir nous laissâmes tomber. Je n'y ai repensé qu'en 1945. Alors, ce fut en vue d'un objectif tout à fait différent que je définis les distributions. J'étais tourmenté par les " solutions généralisées " des équations aux dérivées partielles. » (A. Salam, E.P. Wigner, « La fonction δ et les noyaux » dans *Aspects of Quantum Mechanics,* New York, Cambridge University Press, 1972, p. 179-182. La citation est à la page 179.)

46. Ce n'est que vers la fin du XVIIIe siècle que les nombres complexes, qui étaient déjà apparus dans la pratique mathématique avec les algébristes italiens du XVIe siècle, trouvèrent une interprétation « naturelle » comme vecteurs issus de l'origine en $R \times R$. En 1797, le Norvégien Caspar Wessel (1745-1818) ébaucha une interprétation de ce genre dans une communication qui fut publiée deux ans plus tard par l'Académie royale du Danemark mais qui resta pratiquement inconnue jusqu'à sa véritable redécouverte (et republication en version française) en 1897.

En 1806, le Suisse Jean-Robert Argand (1768-1822) publia son opuscule fondamental : *Essai sur une manière de représenter les quantités imaginaires dans les constructions géométriques.* Entretemps, Carl Friedrich Gauss (1777-1855) avait lui aussi tracé les grandes lignes d'une telle interprétation des nombres complexes qu'il devait ensuite reprendre dans ses travaux successifs, jusqu'à en donner une présentation plus au point en 1831. Pour un examen détaillé de la question, voir par exemple : M. Kline, *Mathematical Thought from Ancient to Modern Times,* New York, Oxford University Press, 1972, p. 628-632.

47. Pour l'histoire de la justification des nombres négatifs (ou « fictifs », comme aimaient les appeler les algébristes italiens du XVIe) et des imaginaires, voir par exemple : Friedrich Waismann, *Einführung in das mathematische Denken,* Vienne, Gerold, 1936. Qu'on nous permette également une référence à G. Geymonat, G. Giorello, « *Calcolo* » dans *Enciclopedia,* Turin, Einaudi, 1977, vol. II, p. 379-500, en particulier p. 411-412 et 430-433.

48. Le modèle des quarks a été imaginé indépendamment en 1963 par M. Gell-Mann et G. Zweig : les particules « élémentaires » seraient

formées par l'union de certaines entités auxquelles le nom de « quark » a été donné (avec les « antiquarks » respectifs). Il s'agit d'entités hypothétiques car jusqu'ici elles n'ont pas été isolées (et certains doutent même qu'elles le soient un jour).

49. Jusqu'aux dernières années de sa vie, Albert Einstein poursuivit son programme d'une physique unitaire. Dans sa dernière théorie (1953) du champ unifié, le champ fondamental, qui résume en soi tout être physique, n'est pas symétrique (comme dans les espaces rienamnniens, du type de celui de la relativité générale), dans la mesure où il doit représenter tant le champ gravitationnel décrit par un tenseur symétrique que le champ électromagnétique décrit par un tenseur antisymétrique.

50. Lucrèce, *De natura rerum*, IV. Par exemple :

Quin etiam gallum, noctem explaudentibus alis,
Auroram clara consuetum voce vocare,
Nœnu queunt rabidi contra constare leones,
Inque tueri ; ita continuo meminere fugai :
Nimirum, quia sunt gallorum in corpore quædam
Semina, quæ, cum sunt oculis immissa leonum,
Pupillas interfodiunt, acremque dolorem
Præbent, ut nequeant contra durare feroces,
Cum tamen hæc nostras acies nil lædere possint,
Aut quia non penetrant, aut quod penetrantibus illis
Exitus ex oculis liber datur, in remorando
Lædere ne possint ex ulla lumina parte.

(Ainsi le coq, qui applaudit de ses ailes au départ de la nuit et qui appelle l'aurore de sa voix éclatante, est le cauchemar des lions dont la rage abdique et qui ne songent plus qu'à s'enfuir. Sans doute le coq a-t-il en lui des éléments qui, lorsqu'ils frappent les yeux du lion, en blessent les pupilles et lui causent une si vive douleur qu'en dépit de son courage il ne peut résister. Or les mêmes éléments sont incapables de blesser les yeux de l'homme, soit qu'ils n'y pénètrent pas, soit qu'y ayant pénétré ils trouvent une libre issue qui ne leur laisse pas le temps de provoquer la moindre plaie.) Traduction de Henri Clouard, Classiques Garnier.

51. La phase *nématique* (du grec *nema*, fil) est une des trois « mésophases » fondamentales d'un cristal liquide, celle où le fluide présente à l'observation des structures filiformes.

52. M. Delbrück (né en 1906) a obtenu le prix Nobel en 1966 avec A. Hershey et S. Luria pour les découvertes effectuées sur le mécanisme de reproduction des virus et sur leur structure génétique. Pour l'importance de ses idées pour la théorie des catastrophes, voir la correspondance entre Waddington et Thom dans le livre de R. Thom, *Modèles mathématiques de la morphogenèse*, Ch. Bourgois, 2ᵉ édition, 1980.

53. Pour le traitement des réactions type Zabotinskij (ainsi nommées du nom du savant russe M.E. Zabotinskij) dans le cadre de la théorie des catastrophes, voir E.C. Zeeman, *Catastrophe Theory. Selected papers 1972-1977*, Reading (Mass.), Addison-Wesley, 1977, p. 76-77.

54. Voir note 37.

55. Cf. ci-dessous p. 134 *sq*.

56. L'ADN (acide désoxyribonucléique) représente le constituant génétique cellulaire le plus important qui transmettrait les « informations » d'une cellule à l'autre par l'intermédiaire d'un « code ». Aujourd'hui, on admet définitivement que l'ADN présente la configuration moléculaire illustrée par Watson et Crick en 1953 : chaque molécule est composée de deux longues chaînes polynucléotidiques qui s'enroulent dans des directions opposées en formant une double hélice autour d'un axe central. Les deux chaînes sont reliées par des ponts à hydrogène qui s'établissent entre deux bases accouplées de manière spécifique. Du fait de son mécanisme de *duplication* (dissociation des deux chaînes de façon que chacune serve de modèle à la synthèse de deux chaînes complémentaires, obtenant ainsi deux nouvelles molécules), l'ADN serait le moyen de transmission des caractères, par l'intermédiaire d'un « code » qui se base sur la séquence différente des bases azotées présentes dans la chaîne. Pour le « dogme central », voir note 70.

57. Conrad Hal Waddington (1905-1975), Buchanan Professor de génétique animale à l'université d'Edimbourg depuis 1947, a étudié les phénomènes d'induction embryonnaire chez les animaux, proposant la théorie des inducteurs masqués ; il s'est également intéressé aux relations entre génétique et embryologie, effectuant pour cela d'importantes recherches sur l'évolution. A partir de la parution de *The Strategy of the Genes* (Chicago, Allen & Unwin London et MacMillan Company, 1957), il a développé un nouveau programme épigénétique centré sur les notions de « chréode » et de « paysage épigénétique » (cf. chap. II, note 16) en corrélation avec les applications de la théorie des catastrophes à l'évolution. (Cf. les communications incluses dans C.H. Waddington, *Towards a Theoretical Biology*, Edimbourg, Edinburgh University Press, dont quatre volumes sont parus entre 1968 et 1972.) Il a aussi publié *Tools for thought : about complex systems*, Londres, J. Cape, 1977, et *The Evolution of an Evolutionist*, Edimbourg, Edinburgh University Press, 1975.

58. F.H. Crick, prix Nobel de physiologie et de médecine en 1962 avec J.D. Watson et M.H.F. Wilkins, est avec Watson le créateur du célèbre modèle de la molécule d'ADN (1953). L'histoire en est racontée dans un livre de Watson, *La Double Hélice*, Londres, Weidenfeld and Nicholson, 1968. Comme on sait, le modèle de Crick et Watson a servi de base à l'étude ultérieure du code génétique.

59. Comme on sait, le génome désigne l'ensemble des gènes d'un individu, tout le contenu en ADN de ses chromosomes.

60. Concernant le cas Lyssenko, voir par exemple l'ouvrage de J.S. Huxley, *The Soviet Genetics and World Science*, 1952.

61. La gastrulation est le processus par lequel l'embryon passe du stade blastula (un seul feuillet) au stade gastrula (deux ou trois feuillets).

62. Cf. ci-dessous au chapitre II.

63. H.J. Sussmann, R.S. Zahler, *op. cit.*, p. 195-198.

64. Pour la conception du progrès mathématique, voir J. Dieudonné, « L'idée de progrès en mathématique » dans l'ouvrage de E. Agazzi, *Il concetto di progresso nella scienza*, Milan, Feltrinelli, 1976.

65. Pour avoir une idée d'ensemble des recherches et des résultats de Smale, voir S. Smale, « Stephen Smale », dans *Scienziati e tecnologi. I contemporanei, op. cit.*, vol. II, p. 508-509.

66. Pour une présentation rapide des résultats de H. Hironaka et des questions concernant la désingularisation, voir par exemple : G. Geymonat, A. Sanini, P. Valabrega, « Geometria e topologia », dans *Enciclopedia,* Turin, Einaudi, 1979, vol. VI, p. 616-723, en particulier les pages 711-713.

67. A. Weil, « L'Avenir des mathématiques » dans l'ouvrage de F. Le Lionnais, *Les Grands Courants de la pensée mathématique,* Paris, Blanchard, 1962, p. 307-320. La citation est à la page 309.

68. La polymérase est une enzyme qui catalyse la liaison des nucléotides pour former des acides nucléiques. *In vitro,* une ADN-polymérase permet la synthèse de l'ADN en présence d'une chaîne simple d'ADN qui désamorce la réaction. On suppose ordinairement qu'une enzyme de ce genre intervient dans la duplication de l'ADN *in vivo...*

69. Les *eucaryotes* sont des êtres vivants dont les cellules ont un noyau muni d'une membrane nucléaire. On les oppose aux *procaryotes* qui, eux, ont un noyau non limité par une membrane nucléaire. Font partie des procaryotes : les virus, les bactéries et les algues bleues.

70. En 1953-1955, James D. Watson et Francis H. Crick (voir note 58) ont énoncé ce qui, par la suite, s'est affirmé comme étant le dogme central de la biologie moléculaire. Il s'agit du processus à partir duquel les séquences d'ADN se traduisent en séquences d'acides aminés, processus où l'ARN (acide ribonucléique) est également impliqué. Dans la première phase, la molécule d'ADN sert de moule pour la synthèse d'une chaîne polynucléotidique d'ARN dans laquelle la séquence des bases nucléotidiques dans la chaîne d'ADN est *transcrite.* En d'autres termes, l'ARN devient une « image négative » de la séquence nucléotidique de l'ADN. Dans la deuxième phase, la chaîne d'ARN est *traduite,* grâce à l'appareil cellulaire affecté à la synthèse protidique, en molécules protidiques dont la séquence d'acides aminés est spécifiée par le code génétique. Il conv nt de souligner le fait qu'une des caractéristiques essentielles du dogme est le sens unidirectionnel d'information, de l'ADN à l'ARN à la protéine. Ce sens ne se renverse jamais.

71. Avec la *Farbenlehre* (1808, puis 1810), Goethe réalisa ce qu'il considérait être son projet scientifique le plus important. La polémique contre Newton apparaissait comme l'obstacle majeur pour la diffusion des idées de Goethe dans des milieux strictement scientifiques. Mais, au-delà de celle-ci, le travail de Goethe a exercé une action sur le plan culturel comme un classique dont l'utilité est attestée par la reprise significative d'idées et de thèmes plus récents dans des directions et des contextes différents. « La *Farbenlehre* est peut-être le premier projet d'une psychologie de la perception, d'une *Gestaltpsychologie* » (G.C. Argan, dans J.W. Goethe, *De la théorie des couleurs.* Partie didactique, éd. it. de R. Troncon avec une introduction de G.C. Argan, Milan, il Saggiatore, 1979).

72. Dans son discours célèbre (1862) *Ueber das Verhältniss der Naturwissenschaften zur Gesamtheit der Wissenschaften,* voici ce que dit Helmholtz à propos de la philosophie hégélienne de la nature :

« Il était évident que dans les sciences de l'Esprit on dût retrouver les traces de l'activité de l'Esprit humain et de ses stades évolutifs. Mais si la nature reflétait le résultat du processus rationnel d'un tel Esprit créateur, ses formes et ses processus, d'une simplicité relativement majeure, elle devrait se laisser insérer dans le système d'une manière même plus facile encore. Or c'est justement là qu'échouèrent les efforts de la philosophie de l'identité : et, on peut bien le dire, ils échouèrent totalement. La philosophie hégélienne de la nature sembla, à dire le moins, absolument dénuée de sens aux yeux des praticiens des disciplines naturalistes. De tous les éminents savants de ce temps, il n'y en eut pas un qui eût pu se contenter des idées de Hegel. Comme, d'autre part, Hegel accordait une importance particulière au fait de s'approprier, justement dans ce domaine, ces recognitions qu'il avait trouvées ailleurs en abondance, il se lança dans une polémique d'une véhémence et d'une dureté insolites principalement contre Newton en sa qualité de représentant, le premier et le plus grand, de la recherche scientifique. Les savants furent taxés d'étroitesse mentale par les philosophes ; et ces derniers furent accusés à leur tour par les premiers de ne proférer que des divagations. A ce point, les savants commencèrent à attribuer un certain poids au fait que leurs travaux fussent tenus à l'abri de toute influence philosophique, et très vite on en arriva au point que beaucoup d'entre eux, parmi lesquels des hommes éminents, condamnèrent toute philosophie considérée comme une chose inutile, voire même comme une rêverie dangereuse. Nous ne pouvons nier que de cette manière on se débarrassa, avec les prétentions injustifiées, avancées par la philosophie de l'identité, de vouloir subordonner les autres disciplines, également de la prétention légitime de la philosophie, à savoir de développer une critique des sources relatives à la connaissance et de fixer une mesure du travail conceptuel. » (D'après la traduction italienne : Hermann von Helmholtz, *Opere*. Pour un commentaire approfondi sur ce jugement de Helmholtz, voir L. Geymonat, *Storia del pensiero filosofico e scientifico*, vol. V (« *Dall'Ottocento al Novecento* », Milan, Garzanti, 1973, p. 510-512.)

73. Pour une présentation efficace de cette thèse, voir l'ouvrage de N.R. Hanson, *Patterns of discovery, an Inquiry into the Conceptual Foundations of Science*, Cambridge, Cambridge University Press, 1958, chap. I, qui est valable pour tous. Par exemple : « Cette affirmation pourrait déconcerter un certain nombre de personnes, à savoir que, parfois, il est vrai que les chercheurs n'évaluent pas les données de la même manière. Il est cependant important de se rendre compte que le choix de différences concernant les données, les faits, l'observation peut demander plus qu'un simple geste par rapport aux objets observables. Il peut demander une nouvelle évaluation générale du champ d'étude. [...] Il y a donc un sens où le simple fait de voir est en réalité une entreprise " chargée de théorie ". L'observation de x est conditionnée par la connaissance antérieure de x. Les observations sont également influencées par le langage ou la notation utilisés pour exprimer ce que nous savons sans lesquels nous pourrions reconnaître bien peu de la connaissance » (p. 30-31).

Chapitre II

1. En nous limitant aux systèmes conservatifs classiques, rappelons que la mécanique *hamiltonienne* (ainsi nommée par William Rowan Hamilton, 1805-1895) ramène l'étude des mouvements de certains systèmes de points matériels à l'étude géométrique de l'*espace des phases* où un « point » est donné par la 2n-uple ($p_1, \ldots p_n$; $q_1, \ldots q_n$), où $q_1, \ldots q_n$ sont les n paramètres qui définissent le mouvement $p_i = \frac{\partial L}{\partial q_i}$ où L est la fonction de Lagrange qui exprime la différence entre l'énergie cinétique et l'énergie potentielle du système. L'introduction de l'hamiltonien $H = \sum_{i=1}^{n} p_i q - L$ (interprétable comme la somme de l'énergie cinétique et de l'énergie potentielle du système) permet d'écrire les célèbres équations *canoniques* (ou de Hamilton). Pour un exemple classique et simple, cf. le texte p. 111.

2. Cf. Introduction, note 2.

3. « La notion d'application est un modèle mathématique très général de différents aspects de la réalité et de la pensée. Elle se génère en tant que forme de l'idée d'une *correspondance en couples d'objets d'une classe, ou d'un ensemble, avec des objets d'une autre classe.* Une telle correspondance se réalise dans la description de processus qui se développent dans le temps quand, à chaque moment du temps, correspond un certain stade du système étudié. Elle est utilisée dans l'étude d'opérations sur des objets [...]. » (J.I. Manin, « Applications », dans *Enciclopedia*, vol. I, Turin, Einaudi, p. 701-743. Citation en page 701.)

4. Pour un développement détaillé et les différentes terminologies (pas toujours semblables d'un texte à l'autre), voir encore l'article « Applications », note 3.

5. Epictète, philosophe stoïcien, né à Hiérapolis de Phrygie vers l'an 50. Esclave à Rome, il fut affranchi par Néron. Mal vu par Domitien, il fut frappé par le décret d'exil promulgué par le Sénat en 94 après J.-C. S'étant établi à Nicopolis en Epire, il y mourut, probablement au début du règne d'Hadrien. Ses doctrines nous sont parvenues grâce à son disciple Arrien, auteur de : *Vie et mort d'Epictète,* de huit livres d'*Entretiens sur Epictète et sa philosophie,* et également de l'*Enrichidion* (ou *Manuel*) qui résument ces livres.

6. Le mot « fonction » fut employé par Leibniz dans un manuscrit de 1684 pour indiquer toute quantité qui varierait d'un point à un autre d'une courbe : par exemple, la longueur de la tangente, etc. C'est encore Leibniz qui introduisit les termes « constante », « variable » et enfin « paramètre », ce dernier ayant été employé dans le développement d'une famille de courbes. (Cf. M. Kline, *Mathematical Thought from Ancient to Modern Times,* New York, Oxford University Press, 1972, p. 339-340.)

7. Cf. chap. I, note 30.

8. Sur la base de la convention de Maxwell, une fois donné un déploiement (r, F) (en vue de simplifier, dans le texte il est souvent écrit F, en sous-entendant que r est la dimension de l'espace de

contrôle), l'ensemble K des points de catastrophe consiste des points u de l'espace de contrôle R^r où F_u (voir chap. I, note 30) atteint son minimum absolu en au moins deux points ou bien où le minimum est atteint pour un seul point, mais il est instable. Cette convention n'est pas la seule à avoir été adoptée par R. Thom pour définir les points de catastrophe. Une autre convention est celle dite du « retard parfait » : celle-ci à chaque chemin T en U assigne une application m de T en $X \times T$ telle que $\pi_r (m_T [u]) = u$ (pour la projection π_r voir chap. I, note 30). En outre $m_T (u)$ repère un minimum local de F_u et m_T reste continu pour un intervalle maximal sur T. Soit D l'ensemble des points (x, u) de $R^n \times R^r$ tels que $d^2_x F (x, u)$ est dégénère : son image $B = \pi_r (D)$ pour la projection π_r de $R^n \times R^r$ sur R^r est dite *ensemble de bifurcation.* En se servant de la convention du retard parfait, les points de B sont repérés comme points de catastrophe (par exemple, dans le cas examiné dans le texte page 71, l'ensemble B est donné par les points du plan (a, b) en fonction desquels $4 a^3 + 27 b^2 = 0$, qui forment une parabole semi-cubique (fig. 8). Et il n'y a pas de quoi s'étonner : dès que bouge un point (a, b) de B_1 ou B_2, on obtient deux types différents de fonctions F de la x (fig. 9).

9. Cf. chap. I, note 35.

10. Pour la liste des sept catastrophes élémentaires, voir chap. I, note 35.

11. L'obtention des équations du mouvement d'un fluide a été quelque peu tortueuse. En son temps, Euler (1707-1783) avait donné les équations du mouvement d'un fluide non visqueux et dès l'époque de Lagrange (1736-1813) on était conscient de la différence essentielle entre le mouvement d'un fluide où l'on admet l'existence d'un potentiel pour la vitesse et d'un autre où une telle hypothèse n'est pas acceptée. Guidé par une analogie formelle avec la théorie de l'élasticité et par l'hypothèse de molécules animées par des forces de répulsion, le Français Claude L.M.H. Navier (1785-1836) réussit à obtenir les équations du phénomène en 1821, retrouvées ensuite par Poisson (1781-1840) en 1829. Elles furent reprises en 1845, dans le cadre de la mécanique des continus, par George Gabriel Stokes (1819-1903). Pour les différentes formulations, voir M. Kline, *op. cit.*, p. 696 *sq.*

12. En 1873, le physicien hollandais Van der Waals (1837-1923) modifia la description d'un « gaz idéal » (ou loi de Boyle) en posant $(p + \alpha/v^2)(v - \beta) = RT$ où R est une constante, T est la température absolue, p et v sont respectivement le volume et la pression de l'échantillon de fluide considéré et α et β deux constantes. On peut immédiatement déterminer une valeur critique T_c telle que : a) pour $T > T_c$, le volume croît régulièrement ; b) pour $T = T_c$, v est une fonction continue mais non différentiable de p ; c) pour $T < T_c$, il y a des valeurs de la pression p pour lesquelles *différents* volumes v ne sont pas possibles. Dans l'espace (p, v, T) le point $(p_c, v_c; T)$ où $T = 8\alpha/27\beta R$ et par conséquent $p_c = \alpha/27\beta^2$ et $v_c = 3$ se révèle donc d'une importance considérable : avec un changement de coordonnées, $p' = p/p_c$, $v' = v/v_c$ et $T' = T/T_c$, on obtient l'équation de Van der Waals réduite $(p' + 3/v'^2)(v' - 1/3) = 8T'/3$ et en substituant la densité au volume, c'est-à-dire en posant

v' = 1/X et avec un changement des variables P = p' — 1, x = X — 1, t = T' — 1 on obtient : $x^3 + (8t + P)x/3 + (8t - 2P)3 = 0$ à savoir $x^3 + ax + b = 0$ (où on a posé $a = [8t + P]/3$, $b = [8t - 2P]/3$ qui est l'équation de troisième degré) (cf. p. .. du texte). La discussion de cette équation permet de modéliser avec une fronce (fig. 8) la situation étudiée par Van der Waals et de déterminer un ensemble K de points de catastrophe en utilisant la convention de Maxwell. Pour un développement détaillé de la question, voir par exemple T. Poston, I. Stewart, *Catastrophe Theory, op. cit.*, chap. XIV, qui renferme également une analyse du modèle de Landau.

13. E.C. Zeeman, *Catastrophe Theory, op. cit.*, p. 615-638.

14. Ces modèles sont présentés en détail dans les différents articles de *Catastrophe Theory*. Pour une exposition extrêmement claire, sans détails techniques, on peut se reporter à l'article écrit par Zeeman pour *Scientific American* (n° 234, 1976, p. 65-83), *The Theory of Catastrophes* ». Le modèle de l'agressivité du chien est repris à plusieurs reprises par R. Thom au cours de l'interview. Voir également la figure 10 et sa légende. Le modèle a été construit en utilisant la convention du retard parfait (cf. note 12).

15. Les critiques de Sussmann et Zahler au modèle de Zeeman du comportement agressif du chien (voir chap. II, note 14) portent essentiellement sur les deux points suivants : a) le modèle n'améliore pas notre connaissance du comportement agressif : en fait, il ne fournit aucune prédiction (non banale) contrôlable et il ne permet pas de projeter des expériences qui pourraient le confirmer ; aux dires des deux critiques, il n'apporte donc aucune connaissance ; b) il ne rend même pas compte des faits *déjà connus*, dans la mesure où la discontinuité introduite dans le modèle ne ressemble pas de façon significative à la discontinuité relevée dans le comportement observable : le seul élément commun au modèle et au processus réel tient au fait que dans les deux cas il y a des discontinuités. Mais cela n'est pas suffisant : sur cette unique analogie, affirment toujours Sussmann et Zahler, on pourrait également avancer que *n'importe quelle* fonction mathématique discontinue pourrait « rendre compte » de tout phénomène naturel dans lequel la discontinuité est présente (H.J. Sussmann, R.S. Zahler, *Catastrophe Theory* [...] *: a critique, op. cit.*, p. 133). Donc, la ressemblance ou l'analogie entre le modèle et le phénomène réel dont le modèle devrait rendre compte ne suffit pas « Il faut démontrer, en plus, que le phénomène mathématique découle des hypothèses du modèle et ce d'une manière *non banale*, et qu'il ne peut être simplement une partie des hypothèses » (*ibid.*, p. 133). Dans le cas contraire, non seulement le modèle n'est pas correct du point de vue quantitatif, mais « ses conclusions qualitatives mêmes sont souvent erronées, vagues ou tautologiques » (*ibid.*, p. 212).

16. On sait que « si un embryon a été endommagé au cours de l'un des premiers stades de son développement, il arrive souvent qu'à partir de ce dernier un embryon normal se développe par la suite... Cependant, après avoir subi le dommage, il ne retourne pas au point où il se trouvait au moment de l'altération pour en repartir ensuite ; au contraire, il retourne graduellement sur sa route, si bien que le dommage n'est pas réparé tant que l'embryon n'a pas atteint

un stade postérieur à celui où le dommage s'est produit. [...] On dit également, pour décrire ces systèmes, que le chemin de la transformation est canalisé : pour le parcours en soi, on peut utiliser le terme de *chréode,* mot d'origine grecque qui signifie " parcours obligé ". De nombreux types de transformation se vérifiant dans la société présentent un caractère chréodique plus ou moins développé ; une fois prise une certaine direction, il est bien difficile de réussir à négocier un changement de route. [...] En outre, dans les systèmes biologiques progressifs, comme les embryons en cours de développement ou les plantes, normalement, on a à faire à des systèmes non descriptibles entièrement en termes d'un seul chréode, ou d'un ensemble de chréodes parallèles *grosso modo...* Au cours du développement d'un œuf, ses deux parties suivront des voies différentes et à la fin elles formeront des parties différentes de l'animal accompli ; certaines deviendront des muscles, d'autres des nerfs, et ainsi de suite. On peut en donner une image intuitive en termes de *paysage épigénétique* dans lequel au moment où commence le processus, il n'existe qu'une seule vallée, mais ensuite elle se sépare en deux ou plusieurs vallées ; à leur tour, ces bifurcations se divisent en continu jusqu'à former un nombre de vallées séparées correspondantes aux parties séparées de l'animal adulte. » (C.H. Waddington, voir note 57, chap. I).

17. Intuitivement, on peut définir l'ergodicité comme la propriété d'un système qui tend vers un état limite indépendant de sa situation initiale. Parmi les différents textes disponibles sur ce thème, nous renvoyons le lecteur à l'ouvrage de V.I. Arnold et A. Avez, *Problèmes ergodiques de la mécanique classique,* Paris, Gauthier-Villars, 1967.

18. Cf. R. Thom, « Rôle et limites de la mathématisation en sciences » dans *La Pensée,* n° 195, octobre 1977, p. 36-42, en particulier p. 38. J.-B. Perrin (1870-1942) obtint en 1926 le prix Nobel de physique (mouvement brownien, rayons cathodiques, théorie atomique, etc.).

19. I. Lakatos, « *Falsification and the Methodology of Scientific Research Programmes* », dans I. Lakatos, A. Musgrave, *Criticism and the Growth of Knowledge,* Cambridge, Cambridge University Press, 1958.

20. « Représente-toi donc des hommes qui vivent dans une sorte de demeure souterraine en forme de caverne, possédant, tout le long de la caverne, une entrée qui s'ouvre largement du côté du jour ; à l'intérieur de cette demeure, ils sont, depuis leur enfance, enchaînés par les jambes et par le cou, en sorte qu'ils restent à la même place, ne voient que ce qui est en avant d'eux, incapables d'autre part, en raison de la chaîne qui tient leur tête, de tourner celle-ci circulairement. Quant à la lumière, elle leur vient d'un feu qui brûle en arrière d'eux, vers le haut et loin. Or, entre ce feu et les prisonniers, imagine la montée d'une route, en travers de laquelle il faut se représenter qu'on a élevé un petit mur qui la barre, pareil à la cloison que les montreurs de marionnettes placent devant les hommes qui manœuvrent celles-ci et au-dessus de laquelle ils présentent ces marionnettes aux regards du public. — Je vois ! dit-il. — Alors, le long de ce petit mur, vois des hommes qui portent, dépassant le mur, toutes sortes d'objets fabriqués, des statues, ou encore des animaux

en pierre, en bois, façonnés en toute sorte de matière ; de ceux qui le longent en les portant, il y en a, vraisemblablement, qui parlent, il y en a qui se taisent. — Tu fais là, dit-il, une étrange description et tes prisonniers sont étranges !

— C'est à nous qu'ils sont pareils ! repartis-je. Peux-tu croire en effet que des hommes dans leur situation, d'abord, aient eu d'eux-mêmes et les uns des autres aucune vision, hormis celle des ombres que le feu fait se projeter sur la paroi de la caverne qui leur fait face ? — Comment en effet l'auraient-ils eue, dit-il, si du moins ils ont été condamnés pour la vie à avoir la tête immobile ? — Et, à l'égard des objets portés le long du mur, leur cas n'est-il pas identique ? — Evidemment. — Et maintenant, s'ils étaient à même de converser entre eux, ne croiras-tu pas qu'en nommant ce qu'ils voient ils penseraient nommer les réalités mêmes ? — Forcément. » (Platon, *La République,* VII, 515-516, dans *Œuvres complètes,* trad. Léon Robin, La Pléiade, p. 1101-1102.)

21. La structure triploblastique indique la subdivision de l'embryon en ectoderme, mésoderme, endoderme. Voir également la note 16, au dhapitre II. L'analogie entre structure triploblastique de l'embryon et structure ternaire de la phrase transitive est largement reprise par R. Thom au chapitre II.

22. On fait tout particulièrement allusion au célèbre et très controversé *Principles of topological psychology* de K. Lewin, New York-Londres, McGraw-Hill, 1936.

23. Sur ce point, nous renvoyons le lecteur au volume de K. Lewin, *ibid.* Voir en particulier le chapitre VIII.

24. La liste aristotélicienne des catégories est comme on sait dans *Catégories,* 4, Ib, 25. Mais les références contenues dans *Topiques* sont aussi importantes (I, 9, 103b, 104a) et surtout dans *Métaphysique,* VI, 2, 1026 à 1033. Cette dernière liste est précédée d'une sorte de définition selon laquelle les catégories répondent à la question de savoir dans quelle « acception » est utilisé le terme « être ». En fait « ce sera le devoir de cette science (la philosophie première) d'examiner l'être en-tant-qu'être, c'est-à-dire l'essence et la propriété que l'être possède en-tant-qu'être. Mais, en tenant compte du fait que le terme simple " être " est utilisé dans beaucoup d'acceptions, l'une d'entre elles est, comme nous le disions, celle " d'être par accident ", l'autre celle " d'être " en tant que " vrai ", le terme " non-être " étant utilisé au sens de " faux ", et tenant compte également que, outre ces acceptions, il y a aussi les catégories *ta schèmata tès catègorias,* c'est-à-dire les schémas de la prédication (par exemple : la substance *ti,* la qualité *poion*, la quantité *poson*, le lieu *pou*, le temps *pote* et toute autre manière similaire de signifier l'être) et tenant compte, encore, du fait que, outre toutes ces acceptions, il y a l'être-en-puissance et l'être-en-acte, en ayant donc bien présentes à l'esprit les différentes acceptions dans lesquelles le terme " être " est utilisé, nous devons en premier lieu mettre en évidence qu'il n'est pas possible de faire une enquête spéculative sur l'être accidentel ».

25. Voir chap. I, note 6.

26. Sur ce point spécifique nous renvoyons le lecteur à l'ouvrage de R. Thom, *Rôle et limites de la mathématisation en sciences, op. cit.,* en particulier p. 39.

27. Parmi les références possibles, nous signalons de M. Spivak, *Calculus on Manifolds*, New York et Amsterdam, Benjamin, 1965, qui renferme également des références historiques intéressantes.

28. Voir en particulier V.I. Arnold, « *Critical Points of Smooth Functions* », dans l'ouvrage de R.D. James, *Proceedings of the International Congress of mathematicians, Vancouver, 1974*, Canadian Mathematical Congress, 1975, vol. I, p. 19-39, où le lecteur trouvera une ample bibliographie sur ce thème.

Dans le volume II, voir également E.C. Zeeman, « *Levels of Structure in Catastrophe Theory* », p. 533-546.

29. Cf. chap. I, note 40, et, ci-dessus, note 15.

30. E.C. Zeeman, C.S. Hall, P.J. Hassiron, G.H. Marriage, P.H. Shapland, « *A model for institutional disturbances* », dans *The British Journal of mathematical and statistical Psychology*, 29, 1976, p. 66-80. E.C. Zeeman, « *Prison disturbances* », dans *Structural stability, the theory of catastrophes and applications in the sciences, Springer Lecture Notes in Mathematics*, vol. 525, Berlin-Heidelberg-New York, Springer, 1976, p. 402-406. Les deux articles sont reproduits dans E.C. Zeeman, *Catastrophe Theory, op. cit.*, chap. XIII et XIV.

31. H.J. Sussmann, R.S. Zahler, « *Catastrophe theory* [...] *: a critique* », *op. cit.*, p. 126-141.

32. *Ibid.*, p. 208-209 et p. 211-212.

33. S. Smale, compte rendu de E.C. Zeeman, « *Catastrophe theory. Selected papers 1972-1977* », dans *Bulletin of the American Mathematical Society*, 84, 1978, p. 1360-1368. Sur Smale, voir chap. I, note 65.

34. Mais on peut faire remonter les premières intuitions concernant les bifurcations à une période antérieure à Jacobi (1804-1851), bien qu'habituellement la naissance officielle de la « théorie » (cf. chap. I, note 37) soit reliée aux apports classiques de Poincaré (1854-1912) à la dynamique. Voir R. Abraham, J.E. Marsden, *Foundations of the Mechanics, op. cit.*, p. 543-544.

35. E. Evans Pritchard, *The Nuer. A description of the modes of livelihood and political institutions of a Nilotic people*, New York-Oxford, Oxford University Press, 1940, et les rééditions successives.

36. Le premier compte rendu du déchiffrage du linéaire B a été donné par Michael Ventris et John Chadwick dans *Documents in Mycenaean Greek*, Cambridge, Cambridge University Press, 1956. La première annonce en avait été faite en 1952. Pour une reconstruction du déchiffrage du linéaire B par Ventris, voir J. Chadwick, *Linear B.*, Cambridge University Press, 1958.

37. K.R. Popper, *The Logic of Scientific Discovery*, Londres, Hutchinson, 1959, trad. française, *La Logique de la découverte scientifique*, Paris, Payot, 1973 (avec une préface de S. Monod).

38. Une *caustique* est une surface tangente à l'ensemble des rayons lumineux qui proviennent d'une source lumineuse. Pour une revue des résultats de M.V. Berry et une ample bibliographie, voir T. Poston, I. Stewart, *Catastrophe theory, op. cit.*, en particulier le chapitre XII.

39. Voir chap. I, note 35.

40. D'Arcy W. Thompson, *On Growth and Form,* 1917, édition réduite par J.T. Bonner, Cambridge, Cambridge University Press, 1961. « Les termes *croissance* et *forme* qui constituent le titre du livre doivent être entendus [...] en relation avec l'étude des organismes. Nous voulons voir comment, tout au moins dans certains cas, les formes des choses vivantes peuvent être expliquées par des considérations de physique, et nous voulons nous rendre compte du fait que, en général, il n'existe pas d'autres formes organiques en dehors de celles qui respectent les lois physiques et mathématiques. Et puisque croissance est un terme plutôt vague pour une question aussi complexe pouvant dépendre de différentes choses qui vont d'une simple imbibition d'eau à tous les résultats complexes de la chimie de la nutrition, il faut que la croissance soit étudiée en relation avec la forme : pour voir si elle agit par simple augmentation de dimension, sans modification de forme ou si, en revanche, son processus comporte un changement graduel de forme, accompagné de lent développement de structures plus ou moins complexes » (p. 14-15).

41. T.S. Kuhn, *The essential tension. Selected Studies in Scientific Tradition and Change,* Chicago, The University of Chicago Press, 1977, p. 25.

Chapitre III

1. Thomas S. Kuhn, *La Structure des révolutions scientifiques,* Paris, Flammarion, coll. Champs, 1983, trad. française.

2. « Avant que de tels livres [les manuels scientifiques élémentaires ou supérieurs] ne deviennent courants, au début du XIXᵉ siècle (et plus récemment encore pour les sciences nouvellement arrivées à maturité), certains textes scientifiques classiques ont joué un rôle semblable. [...] Tous ces livres et bien d'autres ont longtemps servi à définir implicitement les problèmes et les méthodes légitimes d'un domaine de recherche pour des générations successives de chercheurs. S'ils pouvaient jouer ce rôle, c'est qu'ils avaient en commun deux caractéristiques essentielles : leurs accomplissements étaient suffisamment remarquables pour soustraire un groupe cohérent d'adeptes à d'autres formes d'activité scientifiques concurrentes ; d'autre part, ils ouvraient des perspectives suffisamment vastes pour fournir à ce nouveau groupe de chercheurs toutes sortes de problèmes à résoudre.
Les performances qui ont en commun ces deux caractéristiques, je les appellerai désormais *paradigmes,* terme qui a des liens étroits avec celui de *science normale.* En le choisissant, je veux suggérer que certains exemples reconnus de travail scientifique réel — exemples qui englobent des lois, des théories, des applications et des dispositifs expérimentaux — fournissent des modèles qui donnent naissance à des traditions particulières et cohérentes de recherche scientifique. » (T.S. Kuhn, *La Structure des révolutions scientifiques, op. cit.,* p. 29-30). Pour une analyse approfondie de la notion kuhnienne de paradigme, voir par exemple, M. Masterman, « La nature d'un paradigme », dans I. Lakatos, A. Musgrave, *Criticism and the Growth of Knowledge, op. cit.*

3. T.S. Kuhn, *La Structure des révolutions scientifiques, op. cit.*, en particulier le chapitre III. « Les énigmes (« puzzle ») représentent ces problèmes spécifiques qui donnent à chacun l'occasion de prouver son ingéniosité ou son habileté [...]. Bien que la valeur intrinsèque ne soit pas un critère pour une énigme, il est indispensable qu'il y ait une solution. [...] Il ne suffit pas qu'un problème ait une solution certaine pour qu'on puisse l'étiqueter *énigme*. Il doit aussi obéir à des règles limitant d'une part la nature des solutions acceptables, et d'autre part les étapes permettant d'y parvenir » (p. 62-64).

4. Jean Buridan de Béthune, disciple d'Occam, célèbre professeur de l'école de Paris dont il fut recteur en 1328, mort vers 1366, auteur d'une *Summa de dialectica*, d'un *Compendium logicae* et de commentaires sur un bon nombre d'ouvrages d'Aristote. Le problème qui lui valut sa grande renommée fut celui de la liberté auquel il apporta une solution à caractère nettement déterministe, admettant cependant une sorte de liberté, dans la mesure où la force des motifs dépend aussi de la raison. Cela peut aussi se décider entre motifs externes, équivalents en soi, à la différence de l'âne qui, entre deux tas de foin semblables en quantité et en qualité, ou entre l'avoine et l'eau également attirantes, se laisserait mourir plutôt que de choisir. Cependant, il n'y a aucune trace de cette comparaison dans ses écrits : à moins qu'elle n'ait été imaginée par ses contemporains dans le but de discréditer la doctrine, on peut penser que Buridan s'en est servi dans son enseignement oral.

5. Voir chap. II, note 16.

6. R. Thom, « Rôle et limites de la mathématisation en sciences », dans *La Pensée*, n° 195, octobre 1977, p. 36-42.

7. Cf. p. 111.

8. Cf. R. Thom, « Rôle et limites... », *op. cit.*, p. 40.

9. T.S. Kuhn, *La Structure des révolutions scientifiques, op. cit.*, p. 145.

10. P.K. Feyerabend, *Against Method outline of an anarchistic theory of knowledge*, New York, Humanities Press, 1975.

11. Cf. par exemple P.K. Feyerabend, « Consolations pour le spécialiste », dans I. Lakatos, A. Musgrave, *Criticism and the Growth of Knowledge, op. cit.* Voir également P.K. Feyerabend, *Against Method, op. cit.*

12. Pour Archimède et l'utilisation du corps comme instrument en vue de l'acquisition et de la transmission du savoir : cf. M. Vegetti, *Il coltello e lo stilo*, Milan, il Saggiatore, 1979, p. 147.

13. Crick et Watson écrivaient (« *Genetical Implications of the Structure of Deoxyribonucleic Acid* », *Nature*, 171, 1953, p. 962-967) : « Notre modèle pour l'acide désoxyribonucléique est, en effet, un *couple* de moules, l'un complémentaire de l'autre. Nous imaginons qu'avant la duplication les liaisons hydrogène se brisent et que les deux chaînes se désenroulent et se séparent. Chaque chaînè sert ainsi de moule pour la formation sur elle-même d'une nouvelle chaîne complémentaire, de manière qu'à la fin on aura deux couples de chaînes là où auparavant il n'y en avait qu'une seule. En outre, la séquence des couples de base sera également doublée avec exactitude. » Cf. aussi F.H. Portugal, J.S. Cohen, *A Century of DNA*, Cambridge, Mass., MIT Press, 1977. Par « duplication de l'ADN »

on entend justement le processus de reproduction des molécules d'ADN et des chromosomes qui permet le maintien du patrimoine héréditaire dans toutes les générations cellulaires (voir aussi chap. I, note 56). La double hélice se scinderait à la suite de la rupture des liaisons hydrogène qui relient entre elles les bases azotées complémentaires et, au cours de cette rupture, les nucléotides porteurs des bases azotées, complémentaires des bases de la molécule d'origine, se capteraient et s'ordonneraient grâce à l'intervention de l'ADN-polymérase.

14. Voir p. 10-11.

15. Nombreuses sont les études sur les caractéristiques principales de l'écorce terrestre : dorsales médio-océaniques, failles d'extension, fosses océaniques, blocs continentaux, chaînes de montagnes, distribution des tremblements de terre, zones volcaniques, etc., suggèrent que tout cela peut être utilisé pour définir une série de blocs principaux de l'écorce terrestre, appelés justement *plaques*. La théorie de la dérive des continents (proposée par A.L. Wegener) présuppose des mouvements relatifs entre les blocs continentaux : cela amènerait à penser que le mouvement se produirait entre les plaques, qui peuvent coulisser l'une par rapport à l'autre, en s'éloignant, se rapprochant et en se surmontant.

16. En bref : l'*ectoderme* est la couche externe des cellules qui font partie de la gastrula (voir chap. I, note 61) : c'est de lui que dérivent l'épiderme, le système nerveux et les organes sensoriels. L'*endoderme* est, au contraire, la couche intérieure des cellules qui forment la paroi de la gastrula : de lui, dérivent le tube digestif, les glandes annexes et les poumons. Au cours du développement embryonnaire des animaux, un feuillet embryonnaire se forme d'une façon variable : le *mésoderme* qui s'interpose entre ectoderme et endoderme. De lui dérivent les muscles, les organes excréteurs et les organes reproducteurs.

17. Le *vitellus* désigne l'ensemble des substances de réserve accumulées chez les ovocytes au terme de la phase de croissance et utilisées pour les premiers stades de développement de l'embryon.

18. Etienne Geoffroy Saint-Hilaire (1772-1844), considéré comme l'un des pères de l'embryologie, était le défenseur de l'idée d'un plan unique pour l'organisation des animaux (« principe de connexion ») : c'est sur cette base qu'il parvint à découvrir un système dentaire proprement dit chez les oiseaux, à signaler les analogies entre les squelettes de tous les vertébrés, et enfin à considérer la tête comme formée d'un ensemble de vertèbres. Sur l'importance de cette conception unitaire, voir R. Thom, « La notion d'archétype en biologie et ses avatars modernes », à l'origine dans le *Bulletin de la Société ligérienne de philosophie*, actuellement dans R. Thom, C. Lejeune, J. Duport, *Morphogenèse et imaginaire*, Editions Lettres Modernes, 1978, p. 25-39, en particulier les pages 30-31.

19. Cf. également L. Tesnière, *Eléments de syntaxe structurale*, Paris, Klincksieck, 1965. Pour une discussion plus élargie sur l'idée de Tesnière, voir R. Thom, « Topologie et signification », à l'origine dans *Age de la Science*, I, 34, 1968, actuellement dans R. Thom, *Modèles mathématiques de la morphogenèse*, Paris, Union générale d'éditions, 1974, p. 193-228.

20. L'exemple discuté par R. Thom dans le texte est l'exemple classique avec lequel Aristote introduit l'analogie d'après l'exemple de la proportion mathématique (du reste, le terme lui-même vient du grec et signifie proportion) : « La " vieillesse " (B) est avec la " vie " (A) dans le même rapport que le " soir " (D) avec le " jour " (C) ; c'est pourquoi on pourra dire que le " soir (D) est la vieillesse du jour " (B + C), [...] et on pourra également dire que la " vieillesse (B) est le soir de la vie " (D + A). » (Aristote, *Poétique,* 21, 1457).

21. Voir en particulier E. Benveniste, *Problèmes de linguistique générale,* Gallimard, 1966, p. 148 : « On voit finalement que, dans la conception esquissée ici, la fonction du génitif se définit comme résultant d'une transposition d'un syntagme verbal en syntagme nominal ; le génitif est le cas qui transpose à lui seul entre deux noms la fonction qui est dévolue ou au nominatif, ou à l'accusatif dans l'énoncé à verbe personnel. Tous les autres emplois du génitif sont, comme on a tenté de le montrer plus haut, dérivés de celui-ci, sous-classes à valeur sémantique particulière, ou variétés de nature stylistique. Et le " sens " particulier attaché à chacun de ces emplois est lui aussi dérivé de la valeur grammaticale de " dépendance " ou de " détermination " inhérente à la fonction syntaxique primordiale du génitif. »

22. Pour une analyse de cette partie de la pensée de Spencer, cf. aussi R. Thom, « Les Archétypes entre l'homme et la nature », à l'origine dans le *Bulletin de la Société ligérienne de philosophie,* 1975, actuellement dans R. Thom, C. Lejeune, J.-P. Duport, *Morphogenèse et Imaginaire, op. cit.,* p. 52-64. Voir en particulier les pages 58-61.

23. R. Thom, « Sur la typologie des langues naturelles : essai d'interprétation psycho-linguistique », dans M. Gros, M. Halle et M.P. Schutzenberger, *Formal Analysis of natural languages,* The Hague-Paris, Mouton, 1973 ; reproduit également dans R. Thom, *Modèles mathématiques de la morphogenèse, op. cit.,* p. 285-313.

24. R. Thom, « La double dimension de la grammaire universelle », paru à l'origine dans la revue *Arbeiten des Kölner Universalien Projekts* de l'université de Cologne et actuellement dans R. Thom, C. Lejeune, J.-P. Duport, *Morphogenèse et imaginaire, op. cit.*, Paris, 1978, p. 78-90. Les observations de Seiler sont publiées dans H.J. Seiler, « *Determination : a universal dimension for interlanguage comparison* », *Arbeiten des Kölner Universalien Projekts,* n° 23, 1976.

25. Pour la construction de l'arithmétique à partir des célèbres axiomes de Peano, formulés pour la première fois en 1899 par le mathématicien et logicien italien Giuseppe Peano (1858-1932), le lecteur pourra consulter le développement, aujourd'hui encore non dénué d'intérêt, donné par F. Waismann, *Introduction to mathematical thought,* 1936.

26. La construction des nombres réels à partir des rationnels au moyen des suites de Cauchy (méthode du complètement) et celle au moyen des coupures de Dedekind furent toutes deux proposées en 1872, respectivement par G. Cantor (1845-1918) et R. Dedekind (1831-1916). Pour une exposition bien articulée des deux constructions et un bilan critique, voir par exemple F. Waismann, *op. cit.,* chap. 14.

27. Un commis voyageur ne s'intéresse qu'à une seule chose, c'est-à-dire à l'argent. Il part, visite un certain nombre de points (ou de villes) et revient au point de départ : le transfert direct de la i-énième ville et à la j-énième ville lui coûte une certaine somme c_{ij}. Son problème consiste à trouver un itinéraire qui passerait par toutes les villes qui lui ont été assignées, minimisant ainsi les frais totaux du voyage. Pour ce type de problèmes et d'autres encore de l'analyse combinatoire, voir par exemple G.C. Rota, « *Combinational Analysis* », AA.VV., 1969. Pour une plus ample exposition des thèmes et des problèmes plus importants de l'analyse combinatoire et de la théorie des graphes, on renvoie le lecteur à F. Rosensthiel, *Enciclopedia,* vol. III, Einaudi, 1978.

28. Pour une courte mais brillante exposition de certaines thématiques exemplaires, voir l'article de G.C. Rota cité ci-dessus à la note précédente.

29. Pour les boules d'un espace euclidien ou plus généralement, dans un espace métrique, cf. Introduction, note 2.

30. *L'enfant loup,* du reste, n'est qu'un cas relativement proche de nous de l'*homo ferus,* retourné à un état sauvage primordial. Voir F. Tinland, *L'Homme sauvage. Homo ferus et homo sylvestris,* Paris, Payot, 1968.

31. « Si mon analyse de la logique du magicien est correcte, ses deux grands principes ne sont rien d'autre que deux mauvaises applications différentes du principe de l'association des idées. La magie homéopathique est fondée sur l'association des idées par similarité ; la magie contagieuse sur l'association par contiguïté. La magie homéopathique commet l'erreur de postuler que les choses qui se ressemblent sont les mêmes ; la magie contagieuse commet l'erreur de postuler que les choses qui auraient été une fois en contact continuent de l'être. [...] Ces deux branches de la magie, homéopathique et contagieuse, peuvent justement se comprendre sous le terme général de magie sympathique puisque toutes deux affirment que les choses agissent l'une sur l'autre à distance, au moyen d'une sympathie secrète, alors que l'impulsion est transmise de l'une à l'autre au moyen de ce que nous pouvons concevoir comme étant une espèce d'éther invisible, guère différent de celui qui est postulé par la science moderne dans un but tout à fait semblable, à savoir, pour expliquer comment les choses peuvent s'influencer physiquement à travers un espace à l'apparence vide. » (J.G. Frazer, *The golden Bow. A study on Magic and Religion* [*1890-1910*], Londres, McMillan and Co. [1890, 1900, édition revue et définitive 1911-1915 ; édition abrégée 1922].) (*Le Rameau d'Or,* coll. Bouquins, Laffont, Paris, 1982.)

32. La *phérormone* ou *phéromone* est une substance chimique — ordinairement une sécrétion glandulaire — utilisée pour la communication à l'intérieur d'une espèce. Un individu libère la substance comme un signal et un autre individu répond après l'avoir sentie ou goûtée.

33. O.T. Avery, C.M. MacLeod, M. MacCarty, « *Studies on the Chemical Nature of the Substance Inducing Transformation of Pneumococcal Types I. Induction of Transformation by a Desoxyribonucleic Acid Fraction Isolated from Pneumococcus Type III* » dans

Experimental Journal of Medicine, 79, 1944, p. 137-158. Les auteurs commençaient ainsi : « Pendant longtemps les biologistes ont essayé de produire chimiquement dans les organismes supérieurs certaines modifications spécifiques, transmissibles comme des caractères héréditaires. La transformation de types spécifiques dans le pneumocoque est, dans les micro-organismes, l'exemple le plus frappant d'une altération spécifique dans la structure et dans les fonctions cellulaires pouvant être induite expérimentalement et reproduite dans des conditions contrôlées et bien définies. » Pour un tableau d'ensemble de la question, voir F.H. Portugal, J.S. Cohen, *A Century of DNA*, *op. cit.*

Table des matières

Achevé d'imprimer en janvier 1989
sur les presses de l'Imprimerie Bussière
à Saint-Amand (Cher)

N° d'éditeur : 11967.
Dépôt légal : février 1989.
N° d'impression : 6703.
Imprimé en France